瘦身养颜食谱

秋画图文工作室 / 编著

SPM 南方出版传媒 广东人民出版社

·广州·

图书在版编目（CIP）数据

瘦身养颜食谱 / 秋画图文工作室编著. — 广州：广东人民出版社，2017. 12
ISBN 978-7-218-12212-0

Ⅰ．①瘦… Ⅱ．①秋… Ⅲ．①减肥—食谱 ②美容—食谱
Ⅳ．①TS972. 161

中国版本图书馆CIP数据核字（2017）第271178号

SHOUSHEN YANGYAN SHIPU
瘦身养颜食谱

版权所有 翻印必究

出 版 人：肖风华

策划编辑：王湘庭
责任编辑：王湘庭
封面设计：钱国标
内文设计：友间文化
责任技编：周 杰 吴彦斌

出版发行：广东人民出版社
地 址：广州市大沙头四马路10号（邮政编码：510102）
电 话：（020）83798714（总编室）
传 真：（020）83780199
网 址：http://www.gdpph.com
印 刷：珠海市鹏腾宇印务有限公司
开 本：787毫米×1092毫米 1/16
印 张：14.5 字 数：150千
版 次：2017年12月第1版 2017年12月第1次印刷
定 价：39.80元

如发现印装质量问题，影响阅读，请与出版社(020-83795749)联系调换。
售书热线：（020）83795240 83791487 邮购热线：（020）83781421

拿起这本书的时候：

也许你正在面临体重超标带来的健康问题，瘦身变得刻不容缓；或许你根本算不上胖，只是身体某个部位的赘肉让追求完美的你恨得牙痒痒；又或者你只是偶然看到一个身材苗条的美女，穿着迷你超短裙，露着性感美腿，招摇过市，让你痛下决心，从此立志要减肥。

也许你一点也不胖，但你正因为面色暗黄，对着镜子里的"黄脸婆"黯然神伤；又或者，你在为面部出现痘痘而烦恼，为双眼日渐变得不那么明亮、秀发丝丝脱落而焦虑。

…………

爱美的我们，目的很单纯，那就是要瘦，要美，要健康！

谁都知道，护肤品、化妆品确实可以打造暂时的美，然而，要想美得更持久，却是需要内养的。饮食得当，可以帮助我们从内到外美出来。

这是一本图文并茂的书，翻开本书，你会看到，精心挑选的每一道菜，除了有针对性的功效之外，更兼顾了美味、易烹调。即使是厨艺小白，也能用最短的时间掌握烹调这些美味食物的技巧。

我们都想变成"白富美"，也许富比较难一点，白和美却是每天付出一点努力就可以做到的。我们只须留多点时间给自己，照着书中的指导，每天为自己做一顿既营养又瘦身的美味佳肴，就可以任性地美下去啦！

目录
CONTENTS

附 录 223
超轻松学会控制食物热量

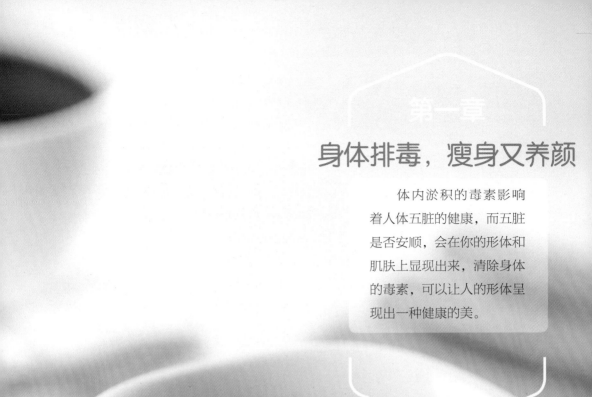

第一章

身体排毒，瘦身又养颜

体内淤积的毒素影响着人体五脏的健康，而五脏是否安顺，会在你的形体和肌肤上显现出来，清除身体的毒素，可以让人的形体呈现出一种健康的美。

测一测，你的身体"中毒"了吗

皮肤是覆盖在人体表面的"天然屏障"，也是人体面积最大的组织器官，能保护人体不受外来侵害，而且皮肤还是人体最大的排毒器官，它能够通过出汗的方式来排出一部分乳酸、尿素等，这些毒素往往都是其他器官难以排出的。

皮肤"中毒"的信号

当体内的毒素积聚在皮肤，而又不能被及时排出时，就会出现粉刺、湿疹、黑斑、黄褐斑、皮肤过敏等症状。这里有一个小测试，测一测，看看你的皮肤是不是排毒不顺畅了。

1. 黑眼圈、眼袋明显。
2. 皮肤颜色呈暗哑的黄褐色。
3. 早上起来，肌肤没有光泽，看起来十分晦涩。
4. 脸颊、额头、下巴痘痘层出不穷。
5. 原有的斑点颜色加深。
6. 肌肤干燥，摸上去有些粗糙。
7. 皮肤抵抗力下降，容易皮肤过敏。
8. 眼角、嘴角出现细小皱纹。

上述症状越多，表示肌肤"中毒"症状越突出。

清除毒素 = 卸掉垃圾

毒素是衰老和致病的首要因素，我们体内的毒素积聚程度可能已经超出你的想象了。相信吗，每个成年人体内有3~25公斤的毒素，而这些毒素是人体完全不需要的，就是说我们每天至少背负着3公斤的垃圾在生活。如果可以清除掉这些垃圾，该是一件多么值得期待的事情。

通过对人体进行多次的全面排毒，我们可以做到：

1. 从肠道中清除多年积存的陈腐粪便（不包括正常粪便）；

2. 从肝脏、胆囊和胆管中清除腐败的胆汁、胆红素性

结石及其他结石，胆固醇形成的栓塞物及丝状、片状物；

3. 从各关节部位清除各种无机盐类；

4. 清除人体的其他污染物（通过饮水、食品摄入的氯、硝酸盐等）。

● 瘦身养颜堂

豌豆。《本草纲目》记载，豌豆具有"去黑黯，令面光泽"的功效。现代研究更是发现，豌豆含有丰富的维生素A原，维生素A原可在体内转化为维生素A，起到排毒、润泽皮肤的作用。

苦瓜。中医认为，苦瓜有解毒排毒、养颜美容的功效。中医古籍中记载，苦瓜"除邪热，解劳乏，清心明目"。现代医学研究发现，苦瓜中存在一种具有明显抗癌作用的活性蛋白质，这种蛋白质能够激发体内免疫系统的防御功能，增强免疫细胞的活性，清除体内的有害物质。

绿豆。绿豆味甘，性凉，有清热、解毒、祛火的功效。常饮绿豆汤能帮助排泄体内毒素，促进机体的正常代谢。许多人在进食油腻、煎炸、热性的食物之后，很容易出现皮肤痒、长暗疮和痱子等症状，这是湿毒溢于肌肤所致。绿豆具有强力解毒功效，可以帮助身体排出多种毒素。

冬瓜。冬瓜历来被认为是减肥和美容佳品。《本草纲目》说，冬瓜"令人好颜色，益气不饥，久服轻身耐老"。冬瓜含有葫芦巴碱和丙醇二酸，前者可加速人体新陈代谢，后者可阻止糖类转化成脂肪，从而获得减肥之效。

● 生活中的排毒小方法

1. 经常洗澡，保持皮肤的清洁和卫生，这样能清除由皮肤排出的黏在表层的酸毒等，可以避免这些酸毒腐蚀皮肤，给身体带来不适，比如发痒等。

2. 经常进行体育锻炼，每周至少进行三次有氧运动，这样可以出汗，保证皮肤能及时排出毒素。

3. 每周进行一次蒸汽浴或桑拿也能帮助加快新陈代谢，排毒养颜。在桑拿浴前喝一杯水可帮助加速排毒，浴后喝一杯水补充水分，同时排出剩下的毒素。

肝脏排毒，面色红润

肝脏是人体最主要的解毒器官，同时也可以给自身排毒，人体内的排毒、解毒任务主要靠肝脏来完成。

● 肝脏积毒的信号

肝脏中毒素过多，会导致肝功能受到抑制，常常会表现出疲倦乏力和不思饮食的症状，肋下胀痛或不适，恶心，厌油腻，饭后胀满，黄疸，口干，小便黄，低烧，头晕耳鸣，面色萎黄无华等都是比较常见的表现，时间久了会使得整个人面黄肌瘦。

● 排毒食物

黑木耳。黑木耳的排毒解毒功效主要得益于它所含的一种植物胶质。这种胶质具有很强的吸附能力，能将残留在消化道里的各种杂质吸附到一起，使它们经过人体的新陈代谢作用被排出体外，从而起到排毒清胃的作用。此外，黑木耳还有滋补强壮、补血活血、镇静止痛的功效。

荔枝。荔枝有强肝健胰的效能，但是，要注意的是食荔枝过多容易上火，会出鼻血或引起牙痛。

猪血。猪血有解毒的作用，可用于防治中风、头眩、中满腹胀等。吃猪血和其他动物的血，可清除体内的污物。常吃猪血汤，利于维持肝脏机能。

● 肝脏排毒小窍门

1. 不要喝太多酒，酒精主要成分为乙醇和乙醛，这两种物质都有直接刺激、伤害肝细胞的毒性作用。慢性肝炎患者饮酒就等于是在加速肝功能衰竭，还可能诱发肝癌。

2. 情绪不舒畅时，应该尽快找到一个途径宣泄负面情绪。俗话说，"怒伤肝"，长期精神抑郁或突然怒火中烧会导致肝脏气血失调，影响肝的疏泄功能。

3. 肝脏排毒须在熟睡中进行，所以不要熬夜，熬夜多了肝脏就会受损，所以要注意保证夜间充足的睡眠。

木耳香菇炒馒头

👍 **原材料**

馒头300克，黑木耳50克，干香菇5朵，大葱1根，料酒1小匙。

👍 **调味料**

酱油1大匙，盐1小匙，高汤、味精、香油各少许，植物油适量。

👍 **做法**

1. 将馒头切成小方片，用油炸至微硬。

2. 黑木耳、干香菇洗净浸发后，放入沸水锅内余烫，捞出沥干；大葱洗净切段。

3. 锅底留适量油，爆香葱段，放入黑木耳和香菇拌炒，加烹料酒、高汤。

4. 放馒头片，加盐、酱油、味精炒匀，淋上香油即成。

功效　黑木耳、香菇、馒头都有顺肠通便的功效，能够帮助身体排出毒素，除此之外，黑木耳还有补血养血的功效，经常食用，可以让肌肤更红润。

厨房妙招　在炸馒头片时，最好先将馒头片放冷水里浸一下，然后入锅炸，这样炸好的馒头片焦黄酥脆，既好吃又省油。

荔枝红枣饮

功效　荔枝有补脾益肝、悦色、生血养心的功效；红枣有安中益气的作用。

👍 **原材料**

荔枝15颗，红枣8颗。

👍 **调味料**

冰糖20克。

👍 **做法**

1. 荔枝去皮，红枣用清水洗净。

2. 锅内放入处理好的荔枝和红枣，加入适量的冰糖和水。

3. 煮上半小时即可。

厨房妙招　平时大家剥荔枝可能都会从底部抠着剥，这样不但会挤掉一些荔枝汁儿，还会把爱美女士的指甲染黑。其实，荔枝上暗藏了一条有规律的线，先在线上轻轻地掐开一点缝儿，用手稍稍把缝儿挤大，再用两个大拇指一掰就开了，快速而且不脏手。

胡萝卜木耳烧丸子

原材料

水发木耳200克，胡萝卜1个，猪瘦肉馅100克，豆腐200克，荸荠10个。

调味料

葱、姜、蒜、盐、白糖、干淀粉、胡椒粉、料酒、酱油、醋、植物油各适量。

做法

1. 胡萝卜切片；葱、姜、蒜切末；豆腐碾碎；荸荠去皮拍碎。

2. 在肉馅中加入豆腐和荸荠碎，再加少许盐、胡椒粉、干淀粉一起搅拌均匀。

3. 开大火，在锅中倒入适量植物油，六成油温时将肉馅挤成丸子下锅炸至焦黄色。

4. 在碗中放入适量葱、姜、蒜末，1勺料酒，3勺酱油，少许盐，1勺白糖和1勺醋调制碗汁。

5. 起锅热油，倒入胡萝卜、木耳略炒，再下入炸好的丸子，烹入碗汁翻炒均匀即可。

功效 黑木耳具有清洁血液、解毒、增强免疫力的作用；胡萝卜含有的大量果胶，可以与体内毒素结合，加速其排出，两者搭配做菜，可以帮助我们有效地清除"体内垃圾"。

厨房妙招 黑木耳并非越黑越好，我们可通过辨别颜色来区别真假。好的黑木耳正面是黑褐色，背面是灰白色的，而用硫酸镁浸泡过的木耳则两面都呈黑褐色。

猪血菠菜汤

原材料

猪血1块，菠菜250克，葱1根。

调味料

盐、香油、植物油各适量。

做法

1. 猪血洗净、切小块；葱洗净，葱绿切段，葱白切丝；菠菜洗净，切段后放入开水过一遍，捞出备用。

2. 锅中倒1小匙油烧热，爆香葱段，倒入清水煮开。

3. 放入猪血、菠菜，煮至水滚，加盐调味，熄火后淋少许香油，撒上葱白即可。

功效 菠菜、猪血都是补血的食物，菠菜还含有丰富的铁。此汤不但能够补血，还能明目润燥。贫血的人不妨经常食用，不但可以补血，还可以补充体内缺乏的铁质等营养元素。

厨房妙招 将菠菜在开水里面过一遍，可以去掉大部分的草酸，除了口感更好外，还能避免菠菜中的草酸影响钙的吸收。

肾脏排毒，消肿瘦身

　　肾脏是人体内很重要的排毒器官，它不仅能够过滤掉血液中的毒素和蛋白质分解产生的废物，使这些毒素和废物随着尿液排出体外，还担负着保持体液中水分和钾、钠平衡的作用，维持机体内环境的恒定，并且许多排毒过程它都通过体液循环的方式进行了参与。

　　肾脏排泄血液中废物的过程同时也是形成尿液的过程，它通过过滤使有毒废物和一些水分变成尿液。通过尿液排泄尿素是肾脏的主要功能之一，尿素是蛋白质及氨基酸分解代谢的产物，也是肝脏解毒的产物，摄入的蛋白质越多，尿中排出的尿素也会越多。

肾脏积毒的信号

　　如果有毒的代谢产物大量滞留在体内，会使肾脏的排泄、调节、内分泌等功能发生障碍，引起慢性肾功能衰竭甚至产生尿毒症，导致各种毒素在体内蓄积，引起人体"中毒"。

　　尿素在血浆中浓度过高时，会引起头痛、恶心、呕吐、全身乏力、腹泻、便血、昏迷等症状。

　　尿素的代谢产物氰酸盐更为可怕，它能破坏人体细胞结构和酶的活性，很少的量也会引起上述"中毒"症状。

　　胺类、酚类等肠道代谢产物如果不能通过肾脏排出体外，积聚在肾脏中也可引起类似"中毒"症状。

排毒食物

　　黄瓜。黄瓜有清热解毒、生津止渴的功效。黄瓜含有黄瓜酸，能促进人体新陈代谢，帮助人体排出毒素。黄瓜还能抑制人体内的糖类物质转化为脂肪，对心、肺、胃、肝及排泄系统非常有好处。

胡萝卜。胡萝卜是有效的解毒食物，它不仅含有丰富的胡萝卜素，能补充维生素A，而且含有大量的果胶，这种物质与汞结合，能有效地降低血液中汞离子的浓度，加速体内汞离子的排出，有益身心健康，并可以养护眼睛。

草莓。草莓是不可忽略的排毒水果，它热量不高，而且富含维生素C，能清洁胃肠道和强固肝脏。

樱桃。樱桃中含有大量的铁和钾，是很有价值的天然药食，适量食用樱桃可以帮助维持正常的体内环境，帮助肾脏排毒。

海带。海带味咸，性寒，有消痰平喘、排毒的功效。海带表面上有一层略带甜味的白色粉末，是极具医疗价值的甘露醇，具有良好的利尿作用，可以治疗药物中毒、浮肿等症，所以，海带是理想的排毒养颜食物。

● 生活中的排毒小窍门

1. 适当多喝水，肾脏的排毒功能是最离不开水的，足够的水分可以稀释毒素在体液中的浓度，还能促进肾脏更好地发挥功能，将更多毒素排出体外，但要注意，喝水不是越多越好，要根据个人体质而定。

2. 少吃盐，盐是加重肾脏负担的重要因素，饮食所摄入的盐分95%需要肾脏来代谢，摄入盐越多，肾脏的负担就越重，还会导致体内水分滞留，进一步加重肾脏的负担，最终导致肾功能减退。

3. 不憋尿，憋尿会导致尿液滞留在膀胱，尿液中的毒素和细菌会通过输尿管感染肾脏，破坏肾脏的功能。

4. 经常活动腰部，注意腰部保暖，中医上说，"腰为肾之府"，冷天和热天都要注意多活动腰部，保持腰部的热量供给，这样可以避免肾脏受损，维护肾脏的功能。

凉拌海带丝

功效 海带的清热解毒功效显著，其所含的矿物质还可参与皮肤的正常代谢，豆腐干富含蛋白质和钙，且所含热量低，有助于瘦身，两者搭配，营养更丰富。

厨房妙招 想要更方便，可以去超市买现成的水发海带丝，会省掉泡发干海带的时间。

👍 **原材料**

水发海带200克，五香豆腐干100克，水发海米30克，姜末适量。

👍 **调味料**

盐、味精、酱油、香油、白糖各适量。

👍 **做法**

1. 将海带洗净，上锅蒸熟，取出浸泡后切丝，装盘待用。

2. 将豆腐干洗净切成细丝，下开水锅煮沸，取出浸凉后沥干水分，放在海带丝上。

3. 将海米撒在豆腐干上面。

4. 碗内放入酱油、盐、味精、姜末、香油、白糖，调拌成汁，浇在海带丝盘内，拌匀即成。

黄瓜炒鳝段

🥘 **原材料**

　　鳝鱼300克，黄瓜1根，红尖椒5个，笋片10克，黑木耳2朵。

🥘 **调味料**

　　酱油1大匙，料酒、姜片、葱花、蒜末各1小匙，盐、味精、香油、植物油各适量。

🥘 **做法**

1. 黄瓜洗净切片；红尖椒去蒂、籽，洗净切块；木耳泡发，去蒂洗净，撕成片。

2. 鳝鱼去头、内脏洗净，顺着中间的椎骨切成两片，再切成段，加料酒和酱油腌拌。

3. 起锅热油，放入葱花、姜片、蒜末煸香，再放入鳝段翻炒，加入酱油、料酒、味精、盐炒匀。

4. 炒至鳝段8成熟时，放入黄瓜、红尖椒、笋片、木耳，炒至黄瓜断生，淋入香油炒熟即成。

功效 黄瓜清热解毒，且富含维生素C，有瘦身美白的功效；鳝鱼补血养血，可以让面色更红润，有养颜功效。

厨房妙招 黄瓜尾部含有较多的苦味素，应该去掉。

胡萝卜瘦肉汤

功效 胡萝卜素可清除致人衰老的自由基，除维生素A外，所含的B族维生素和维生素C等招牌营养素也有润肤、抗衰老的作用。

厨房妙招 将新鲜胡萝卜打成泥，洗脸后涂在面部20分钟，先用温水，再用冷水洗净，能使粗糙皮肤变细嫩，还能去皱。

👍 **原材料**

胡萝卜200克，瘦猪肉200克。

👍 **调味料**

姜片、盐各少许。

👍 **做法**

1. 猪瘦肉切块，放入滚水中余烫，捞出备用。

2. 胡萝卜去皮切成滚刀块。

3. 锅中放入烫过的瘦肉块，加姜片和适量清水，大火煮开，然后改中火煮30分钟，最后加入胡萝卜继续煮至熟烂，加盐即可。

樱桃银耳羹

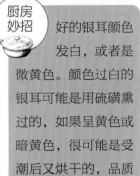

功效 樱桃含有丰富的维生素和微量元素，尤其是钾和铁，具有去皱消斑、使皮肤红润嫩白的功效，对缓解女性脸部的黄褐斑具有奇妙的效果。

原材料

银耳50克，樱桃30克。

调味料

冰糖适量。

做法

1. 银耳用温水浸泡至软，去蒂洗净；樱桃洗净，去蒂，切好。

2. 锅内放入适量清水，烧开，放入冰糖，溶化后加入银耳，煮10分钟。

3. 放入樱桃，煮沸即可。

厨房妙招 好的银耳颜色发白，或者是微黄色。颜色过白的银耳可能是用硫磺熏过的，如果呈黄色或暗黄色，很可能是受潮后又烘干的，品质不好。

苦瓜酿虾

功效 苦瓜中含有生理活性物质奎宁精，有利于人体皮肤的新生和创伤愈合，所以吃苦瓜能增加皮肤的活力，使面容变得细嫩，另外，鸡肉和虾仁蛋白质含量高，有助于维持皮肤的弹性。

原材料

苦瓜1根，鸡胸肉100克，鲜虾6只。

调味料

盐、胡椒粉、鸡精、水淀粉、料酒、酱油各适量。

做法

1. 把苦瓜切成6段，把中间的芯去掉备用；鸡肉切成大片，用刀背将鸡肉片砸成泥；虾去头，去虾皮时保留尾巴那一节的虾皮。

2. 在鸡肉泥中加入适量水淀粉、料酒、盐、胡椒粉和少许酱油，调匀。

3. 把鸡肉泥用勺子填进苦瓜里，最后把虾尾插在顶部。

4. 锅中加水，开锅后把苦瓜放进去，大火蒸10分钟左右即可。

厨房妙招 如果怕苦瓜吃起来太苦，可以先将苦瓜在开水中氽烫一下再用。

肺部排毒，气血顺畅

肺是人体进行气体交换的器官，每时每刻都在将新鲜的氧气输送给血液，给各个器官、组织、细胞提供能量，同时，将细胞代谢产生的废气——二氧化碳和一些入侵毒素排出体外，因此肺也是一个十分重要的排毒器官。

肺部积毒的信号

气闷、头晕、乏力等是肺部的二氧化碳没能及时排出而导致的症状，肺部二氧化碳积存会导致新鲜血液供应不足，组织就会酸化涨水，这就造成了水肿，会使得细胞间质空间变大，导致营养的交换、废物的排出功能逐渐衰退，如果不及时清除二氧化碳，那么水肿会继续扩大，造成整个组织的酸化，甚至完全丧失功能。

排毒食物

柠檬。柠檬含有丰富的有机酸、柠檬酸，是强碱性食物，它的高度碱性能止咳化痰、生津健脾，有效地帮助肺部排毒。柠檬含有抗氧化功效的水溶性维生素C，还能有效改善血液循环不佳的问题，帮助血液正常排毒。

梨。梨能润肺止咳、凉心消痰、降火、解毒。

银耳。银耳能润肺止咳、益气和血、养颜美容。

白萝卜。白萝卜入肺，性甘平辛，归肺脾经，具有下气、消食、除疾润肺、解毒生津、利尿通便的功效。

生活中的排毒小窍门

1. 开心的时候大笑一下，大笑能使肺扩张，会不自觉地进行深呼吸，清理呼吸道，使呼吸通畅，吸收更多的氧气进入身体。不同程度的笑对呼吸器官、胸腔、腹部、内脏、肌肉等器官都有适当的协调作用。

2. 每天到空气清新的地方做做深呼吸，主动咳嗽几声、打打喷嚏也是可行的办法，可以帮助排出积存在肺部的粉尘、细菌、病毒和二氧化碳，帮助肺脏排毒。

3. 做做呼吸动作，这里给大家介绍一种腹式呼吸法，这种呼吸方式可以增加肺容量。做法：伸开双臂，尽量扩张胸部，然后用腹部来带动呼吸。

4. 尝试一下耐寒锻炼，可以尝试用冷水洗脸、浴鼻，身体健壮的朋友不妨大胆地试试用冷水擦身、洗脚甚至淋浴，可以使肺部得到锻炼，但体弱者和病患不建议随便尝试。

油菜银耳炒胡萝卜

原材料

小油菜100克，银耳1朵，胡萝卜半根。

调味料

盐1小匙，味精、白糖各半小匙，水淀粉、植物
油各适量。

做法

1. 胡萝卜去皮洗净，切成片；小油菜洗净；银
耳浸水发透，去杂质洗净，放入沸水锅中煮熟
后，捞出沥干。

2. 起锅烧适量水，待水开后放入小油菜，用中
火煮至八成熟，捞出沥干。

3. 起锅热油，放入银耳稍炒，加盐、白糖、味
精，烧开后改小火焖烧。

4. 再放入胡萝卜片、小油菜拌炒均匀，最后用
水淀粉勾芡即成。

功效 银耳润肺，且富含食物纤维，有润肠通便的功效，搭配富含维生素的小
油菜、胡萝卜，营养更为均衡丰富。

厨房妙招 银耳也非常适合炖汤食用，炖烂后，所含的胶质对皮肤特别有好处。

西芹炒百合

功效 百合为润肺养肺最好的食材,定期食用有很好的润肺去燥效果;杏仁具有润肺、平喘的功效,搭配含高纤维的西芹和彩椒合炒,养肺又排毒。

厨房妙招 百合黄色的部分一定要削掉,要不吃起来会有苦味。

原材料

西芹300克,百合50克,杏仁10克,彩椒2个。

调味料

盐、白糖、白醋、植物油各适量。

做法

1. 西芹掰开后去筋,切段;彩椒切粒;百合掰开洗净。

2. 将西芹和百合焯水后过凉。

3. 开火,锅中倒入适量底油,放入西芹和杏仁翻炒,加入彩椒粒炒匀。

4. 加入适量盐和白糖调味,再放入百合片翻炒一下,即可出锅。

柠檬汁青笋猪排

原材料

猪排骨300克，青笋20克，葱1根（部分切段，部分切片），姜片10克，熟芝麻少许。

调味料

A：盐、胡椒粉、料酒各适量。

B：盐、胡椒粉各1小匙，料酒、醪糟各1大匙，葡萄酒1杯。

植物油、鲜柠檬汁各适量。

做法

1. 猪排骨切成4厘米长的段，入冷水锅中烧开后煮10分钟，去尽血水后捞出。

2. 排骨中加入姜片、葱片、A料拌匀，腌渍入味，上屉蒸至六成熟，拣去姜片、葱片，沥干水分，放入七成热油内炸至浅棕红色捞出。

3. 锅内放少许油，加入白糖用小火炒至翻泡、呈浅棕红色时倒入适量清水，放排骨、姜片、葱段，加入B料。

4. 用小火慢烧至汤汁浓稠时，再加入鲜柠檬汁不断翻炒，至汁浓油亮时起锅，晾凉，撒熟芝麻少许拌匀，装盘。

5. 将青笋切细丝，用清水浸泡后挤干水分，点缀排骨四周即成。

功效 在猪排骨中加入柠檬汁，口感不腻，而且柠檬排毒功效显著，含有丰富的维生素C，有助于美白肌肤。

厨房妙招 柠檬洗净切片，装入玻璃瓶中，用蜂蜜腌制，蜂蜜盖过柠檬即可，密封放入冰箱冷藏，2~3天后，即可取出，泡水饮用，排毒养颜。

炒白萝卜丝

原材料

白萝卜450克。

调味料

盐3克，白糖、鸡精、姜末各少许，香葱1根，植物油适量。

做法

1. 白萝卜洗净，去皮，切成细丝；香葱洗净，切成末。

2. 锅中倒入适量的油，烧至六成热，放入葱末、姜末炒出香味，放入萝卜丝翻炒，使萝卜丝变软变透明，加入适量清水，转中火将萝卜丝炖软。

3. 待锅中汤汁略收干，加入盐、糖和鸡精调味，翻炒均匀即可。

功效

白萝卜中的芥子油和膳食纤维可促进胃肠蠕动，有助于体内废物的排出，排毒养颜。

厨房妙招

若白萝卜须是直直的，大多数情况下，白萝卜是新鲜的；反之，如果白萝卜根须部杂乱无章，分叉多，那么就有可能是糠心白萝卜。

肠道排毒，美颜减重

肠道是人体最大的排毒器官，也是消化器官中最长的管道，人体内绝大部分的毒素都是通过肠道排出去的。

肠道积毒的信号

肠道环境的好坏决定了肠内毒素产生和被吸收的程度。

如果毒素到达防御功能薄弱的面部，将会导致脸部产生痘痘、粉刺、痤疮、色素沉着、色斑、皮肤粗糙、脸色晦暗、没有光泽等问题；如果肠道功能得不到好转，这些痘痘、斑点会迅速蔓延到整个面庞。

排毒食物

保护肠道包括保护肠道环境，多吃富含纤维素的食物和没有经过精制处理的五谷杂粮，比如高纤维素的蔬菜、海藻、食用菌类都有助于肠道畅通。

南瓜。南瓜性温，味甘，能补中益气、消炎杀菌、止痛。其所含的丰富果胶，可"吸附"细菌和有毒物质，包括重金属，起到排毒作用。

菠菜。菠菜可促进胃和胰腺分泌，增食欲，助消化；丰富的纤维素还能帮助肠道蠕动，有利于排便。

红薯。红薯性平，味甘，补脾益气。很多人认为吃完红薯放屁多，其实是红薯含丰富的膳食纤维，吃完后，胃肠蠕动变快所致。

香菇。香菇含有多糖类物质，可以提高人体的免疫力和排毒能力，有强心保肝、宁神定志、促进新陈代谢加快体内废物排泄等作用，是排毒的最佳食用菌。

生活中的排毒小窍门

1. 坚持规律的生活作息习惯，尽量不熬夜。不规律生活简直就是促成便秘的推手，这对肠道环境破坏很大，还会加重对皮肤的损害，最终会导致肠道功能变差和作息混乱的恶性循环。

2. 养成每天晨起排便的好习惯，这样可以缩短废物和毒素在肠道中停留的时间，减少毒素的吸收。

3. 最好是每天做到喝足八杯水。水是体内废物和毒素排出的运输介质。

4. 保持心情舒畅，焦虑和感觉压力大的时候要及时调节，听听喜欢的音乐或者和朋友聊聊天都会有好处，紧张和压力会导致体内分泌失调，影响肠道的功能。

黑芝麻拌菠菜

 原材料

菠菜300克，黑芝麻1大匙。

 调味料

盐、香油、醋、糖、味精各适量。

 做法

1. 菠菜洗净，切大段；黑芝麻放炒锅炒香，将炒香的黑芝麻放入臼中捣碎成细末，备用。

2. 锅中放入适量水和盐，烧滚后放入菠菜余烫至熟，待稍凉，将其攥出水。

3. 用黑芝麻末和剩余调料将菠菜拌匀即成。

 功效 菠菜含丰富的维生素和膳食纤维，黑芝麻含有大量油脂，二者搭配，有润肠排毒的功效。

厨房妙招 因菠菜含草酸较多，有碍机体对钙和铁的吸收，吃菠菜时宜先用沸水烫软，这样可以去除大部分草酸。

凉拌菠菜

 功效 菠菜中富含铁，铁是人体造血原料之一，所以菠菜是女性经期时的好食品。

 厨房妙招 菠菜根里容易藏泥，不好清洗，所以菠菜叶要和菠菜根分开清洗。

原材料

菠菜300克。

调味料

花椒、香油、香醋、生抽、糖、盐、葱花、红辣椒粒、蒜蓉、姜蓉、黑胡椒粒各少许。

做法

1. 锅里加入香油，加入适量花椒，小火炸出香味，剔出花椒。

2. 将葱花、红辣椒粒、蒜蓉、姜蓉、黑胡椒粒置于碗中，倒入烧热的香油。

3. 再加入适量香醋、生抽、糖和少许盐拌匀成为调味汁。

4. 锅里加入足够多的水烧开，放入菠菜并加适量油、盐余烫2~3分钟。

5. 将余烫好的菠菜捞出冲凉开水，挤干水分，加入调味汁拌匀即可。

香菇油菜

🥄 **原材料**

　　小油菜10棵，香菇5朵。

🥄 **调味料**

　　盐、酱油、白糖、水淀粉、植物油各适量，味精少许。

🥄 **做法**

1. 小油菜择洗干净，控水备用；香菇用温水泡发，去蒂，挤干水分，切成小丁备用。

2. 炒锅烧热，倒入油烧热，放入小油菜，加一点儿盐，炒熟后盛出。

3. 炒锅再次烧热，放入油烧至五成热，放入香菇丁，翻炒。

4. 加盐、酱油、白糖翻炒至熟，闻到香菇特有的香气后，加入水淀粉勾芡，再放入味精调味，最后放入炒过的油菜翻炒均匀即可。

功效　香菇含有多种对人体健康和皮肤滋养都十分有益的营养成分，尤其对于女性来说，香菇中含有"驻颜王牌"——硒，它不仅可以促进皮肤的新陈代谢，还可以抗衰老，经常食用可以使皮肤保持润滑细嫩，同时还能令秀发乌黑亮泽。

厨房妙招　干香菇的特别味道来自其所含的蘑菇香精和鸟苷酸两种成分。尤其是鸟苷酸，它的鲜味强度是普通味精的几十倍。20~35℃的温水既能使香菇更容易吸水变软泡胀，又能使鸟苷酸充分分解，散发鲜味。

蒜香薯丸

 原材料

红薯500克，生姜1块，蒜10瓣。

 调味料

醋、盐、植物油各适量。

做法

1. 将红薯洗净去皮切成片，放入笼屉蒸熟取出，加醋捣成泥。

2. 蒜瓣、生姜切碎与盐一并放入薯泥中用力搅打均匀。

3. 起锅热油，将薯泥捏成小圆粒逐个下锅炸至呈酱红色，倒入漏勺沥去油装盘即成。

功效 红薯含有丰富的淀粉、维生素、膳食纤维等人体必需的营养成分，对防治习惯性便秘十分有效。另外，红薯还是一种理想的减肥食品。

厨房妙招 家里有烤箱的，可以将红薯洗净后，直接入烤箱烤熟食用。

第二章
瘦身养颜食材

说到瘦身养颜，很多人尤其女性朋友都会依赖一些药物来瘦身，依赖一些大牌护肤品来保养自己的肌肤。其实，这么做有些本末倒置了，身材苗条不等于健康，只有身体健康了，身材才能匀称轻盈，同时，皮肤的状态才能达到最好，而身体的健康与否，跟饮食有很大关系。所以，从食物着手，既要吃得营养，又要吃得健康，才能让自己从内美到外。

那么日常生活中哪些食物既能瘦身又能养颜呢？下面就给大家介绍一下吧。

杂粮·红薯

红薯的营养价值很高，还是抗癌和令人长寿的明星食物，世界卫生组织多次将红薯列为最佳蔬菜，认为红薯既是维生素的"富矿"，又是抗癌能手。可惜的是，很多人都以为吃红薯会发胖，不敢吃或者不敢多吃，实际上红薯不但不会使人发胖，而且是一种价廉物美的绝好减肥食物呢。

● 红薯营养

红薯含有丰富的淀粉、膳食纤维、胡萝卜素、维生素以及钾、铁、铜、硒、钙等10余种矿物质等，具有很高的营养价值，因而营养学家们认为红薯是营养均衡的保健食品。

● 瘦身养颜关键词

排宿便

红薯含有多种膳食纤维和果胶，这些膳食纤维和果胶在肠道内不会被消化吸收，能有效刺激肠胃蠕动，促进消化液分泌，使大便畅通，排出体内毒素。

减少脂质沉积

红薯含有较多的钙、镁、钾等矿物质，可以保持血管弹性，能有效防止高血压，预防中风，防止动脉粥样硬化，减少脂质沉积。

除酸毒

红薯是一种碱性食品，能与肉、蛋等酸性食品中和，可以调节人体的酸碱平衡，有助于预防各种疾病，维持身体健康。

抗氧化

红薯含丰富的抗氧化物质，能有效地消除人体内的自由基，抑制癌细胞，延缓衰老。

● TIPS

1. 红薯一定要蒸熟煮透再吃，不然会有不适感，因为红薯中的淀粉颗粒和氧化酶需要经过高温才能被消化和发挥作用。

2. 一次不要吃太多红薯，否则会使人腹胀、打嗝、放屁，因为红薯里的一种氧化酶很容易在胃肠道里产生大量二氧化碳气体。

3. 红薯的含糖量较高，吃多了会使人感到"烧心"，因为受到刺激，胃酸分泌过量，胃的收缩加强，胃酸会倒流进食管，导致吐酸水。而且糖分多了，身体一时吸收不完，剩余的在肠道里发酵，也会使肚子不舒服。因此吃红薯时最好搭配一点咸菜，或者与其他粗粮混着吃。

4. 红薯不含蛋白质和脂肪，因此要搭配蔬菜、水果及蛋白质食物一起吃，这样才能保持营养的平衡。

5. 红薯不要与柿子一起吃，因为柿子含单宁与果酸，在胃酸的作用下，容易凝聚、沉积而引起胃结石，甚至导致胃出血。

炒红薯丁

原材料

红薯1个，胡萝卜1根。

调味料

盐、鸡精、植物油各适量。

做法

1. 红薯、胡萝卜洗净，去皮，切成1厘米见方的丁。
2. 锅内放入适量植物油，烧至七成热，放入红薯丁、胡萝卜丁，炒至熟软。
3. 调入盐、鸡精，翻炒片刻即可。

功效 红薯和胡萝卜都含有较多植物纤维，在肠道中容易吸水膨胀，可增强肠道的蠕动，促进排便通畅，还有降压作用。这道炒红薯丁能够帮助排出体内多种毒素，具有很好的抗衰老、美颜和瘦身作用。

厨房妙招 在烹制胡萝卜的时候，最好不要放醋，因为醋会使得胡萝卜里的胡萝卜素流失。另外，在生活中还要注意，胡萝卜不可一顿吃得太多，不然会使得皮肤发黄，导致皮肤色素沉积。

红薯烧排骨

功效 排骨含钙丰富，红薯是排毒大户，这道菜排骨与红薯相得益彰，互相补足，具有特别好的排毒养颜瘦身功效。

厨房妙招 可以先将排骨放在沸水里焯一下，这样可以比较容易去掉血水。另外，排骨炒制的过程中可以放些醋，这样有利于排骨中的钙质溶于醋中而被人体更好地吸收。

原材料
红薯100克，排骨300克，香菇1朵，葱3段，姜1片。

调味料
料酒、酱油、海鲜酱各1大匙，白糖适量。

做法
1. 红薯洗净，去皮，切成滚刀块；排骨洗净，剁成3厘米长的块；香菇洗净，去蒂；姜洗净，切末。

2. 排骨中加入葱段、姜末、海鲜酱、酱油、白糖、料酒，拌匀，腌渍入味，剔除葱段、姜末，把香菇铺在一个深碗底部，将排骨围在碗的周边，红薯块填入碗内部。

3. 将腌渍过排骨的腌汁加半杯清水，倒入碗里，盖碟进微波炉用中高火转20分钟，取出，倒出汁液，将碗倒扣到碟上，把汁淋到碟上即可。

拔丝红薯

原材料

红薯（红心）2个，熟芝麻25克。

调味料

白糖150克，植物油适量。

做法

1. 红薯洗净，去皮，切成滚刀块。

2. 锅内放入适量植物油，烧至七成热，放入红薯，炸至呈浅黄色，捞出控净油。

3. 另置一锅，加入半杯清水，烧开，加入白糖，用勺子搅拌至白糖起花变成浅黄色，放入红薯块，翻炒均匀，将芝麻撒在红薯上，迅速装盘即可。

功效 这道拔丝红薯既保留了红薯的特质，又避免了单吃红薯的乏味感，对于促进宿便排出、防止脂质沉积、防止酸毒和抗氧化有很好的作用，能延缓衰老，避免动脉粥样硬化。

厨房妙招 将红薯放入糖花中翻炒，要以糖花均匀地挂在红薯块上为标准。装盘的时候可以事先在盘子上抹上一些油，这样就不会粘盘了。上菜要快，不然就失去风味了。如果觉得烫嘴，可以蘸着凉水吃，这样能降低糖的温度。

红薯粉蒸肉

 功效　这道红薯粉蒸肉可以改善便秘，抗衰老。

 厨房妙招　用淀粉拌五花肉的时候，一定要让所有的淀粉被肉吸干，否则蒸出的肉上会有干粉，而且肉裹了淀粉后会比较入味。如果太干的话，可以适当加点油和水调匀。

原材料

五花肉300克，红薯1个，葱1根，姜1片。

调味料

酱油、豆瓣酱、淀粉各1大匙，盐、白糖、鸡精、花椒油各适量。

做法

1. 五花肉洗净，切成1厘米厚的片；红薯洗净，去皮，切成滚刀块；姜洗净，切成末；葱洗净，切成末。

2. 取一个大碗，放入切好的五花肉，加入姜末、酱油、盐、豆瓣酱、鸡精、白糖和适量花椒油，拌匀，放入淀粉，混合均匀，腌渍片刻；将红薯块拌少许淀粉。

3. 将拌好的五花肉放在一个大碗底部，拌好的红薯放在五花肉上，入蒸锅用中火蒸2个小时，取出碗并反扣于盘子上，撒上葱末即可。

香甜红薯汤

功效

红薯汤可以预防秋燥，但一次不要喝太多，一个红薯就够了，以免出现烧心、返酸、腹胀等不适症状。

厨房妙招

红薯富含食物纤维，维生素的含量也特别多，能促进新陈代谢，减肥养颜。

原材料

红薯1个，洋葱1/4个，牛奶半杯。

调味料

高汤1碗，盐2克，黑芝麻适量，黄油、胡椒粉各少许。

做法

1. 红薯洗净，去皮，切成3厘米的条，用清水浸泡待用；洋葱洗净，切片。

2. 锅内放入少许黄油，烧热，下洋葱以中火炒软，加红薯，炒熟。

3. 倒入高汤，中火稍调小，煮至红薯变软，加入牛奶、盐、胡椒粉调味，撒上黑芝麻即可。

杂粮·绿豆

　　绿豆一直以来就是很受欢迎的传统豆类食物，同时还具有很高的药用价值，是特别有效的解毒剂，对重金属、农药以及各种食物中毒都有一定的解毒功效。绿豆解毒主要是通过加速有毒物质在体内的代谢，促使有毒物质排出体外来进行的。夏秋季节，绿豆汤更是排毒养颜的上品，常喝绿豆汤能帮助排泄体内毒素，促进机体的正常代谢。

● 绿豆营养

　　绿豆含有蛋白质、脂肪、碳水化合物、B族维生素、胡萝卜素、叶酸和钙、磷、铁等。

　　绿豆皮中含有21种无机元素，其中磷的含量最高。

● 瘦身养颜关键词

清热解暑

　　绿豆能够解暑，解渴，有助于尿液顺利排出，不仅能给身体补充水分，而且还能及时补充无机盐，对维持水液电解质平衡有着重要意义。高温出汗，体液损失很大，机体会因丢失大量的矿物质和维生素而导致体内环境紊乱，使得体内的电解质平衡遭到破坏。绿豆含有丰富的无机盐、维生素，用绿豆煮汤来补充身体失去的矿物质和维生素是再好不过的方法，可以达到清热解暑的效果。

减少胆固醇

　　绿豆中含有植物甾醇，它的结构与胆固醇十分相似，在体内会与胆固醇竞争酯化酶，使得胆固醇不能酯化，肠道不能吸收没有酯化的胆固醇，因而能减少胆固醇的含量。

减少毒性

　　绿豆中含有丰富的蛋白质，喝绿豆浆有保护肠胃黏膜的作用，绿豆蛋白、鞣质和黄酮类化合物能够与含有机磷的农药等化合物结合，形成沉淀物，使之减少或失去毒性，同时还能使它们不容易被吸收。

● TIPS

1. 煮绿豆汤的时候，绿豆煮烂就可以了，不要煮得太烂，不然会降低清热解毒的功效，因为绿豆中的有机酸和维生素会遭到破坏；也不要不煮烂，因为没有煮烂的绿豆豆腥味很浓，吃后容易导致恶心和呕吐。

2. 绿豆是寒性食物，因此体质寒凉的人最好不要多吃。同时，正在服温热药物的人也尽量不要吃绿豆。

3. 正在吃中药的人也要避免吃绿豆，因为绿豆具有解毒的功能，会破坏中药的药效。

4. 绿豆放在铁锅里久了会变成黑色，这是正常现象，和苹果切开以后会变黑一样，是因为绿豆里的鞣酸和铁发生了化学反应，生成了黑色的鞣酸铁，所以就变黑了。

炝炒绿豆芽

🫑 **原材料**

干红辣椒2个，绿豆芽200克。

👍 **调味料**

料酒、醋各1小匙，盐、鸡精、
植物油各适量。

👍 **做法**

1. 干红辣椒洗净，切成丝；绿
豆芽择洗干净，控净水。

2. 锅内加入适量植物油，烧至
七成热，放入干红椒爆香，调
入料酒、醋翻炒。

3. 放入绿豆芽，调入盐、鸡
精，煸炒至熟即可。

功效 绿豆芽热量特别低，但是纤维素、维生素和矿物质含量很丰富，有
美容排毒、消脂、抗氧化的功效，可以促进肠蠕动，具有通便的作
用。经常吃这道菜对减肥很有帮助。

**厨房
妙招** 这道菜要求炒绿豆芽的时候尽量大火快炒，油盐不要放得太多，并适
当加些醋，这样可以保持绿豆芽的爽脆滑嫩感。烹调时配上一点姜
丝，可以中和绿豆芽的寒性，这道菜非常适合在夏天吃。

清凉绿豆凉粉

原材料
绿豆凉粉1盒，小黄瓜1根，胡萝卜1根，香菜少许。

调味料
酱油半大匙，醋1小匙，盐、白糖、鸡精各适量。

做法
1. 剪开绿豆凉粉盒子的四个角，取出凉粉，洗净，切成3厘米长、1厘米宽的长方条；小黄瓜洗净，用刀刮去刺，切成细丝；胡萝卜洗净，去皮，切成细丝；香菜择洗干净，切成3厘米长的段。
2. 取一个大碗，放入绿豆凉粉，加入小黄瓜丝、胡萝卜丝、香菜段备用。
3. 将调味料放入一个小碗里，搅拌均匀，倒入装有绿豆凉粉的大碗中，稍微拌匀，放入冰箱冷藏30分钟以上即可。

功效 绿豆凉粉与绿豆一样具有消暑解毒的功效，这道清凉绿豆凉粉还可以帮助减少体内的胆固醇，有利于降低血脂浓度，具有减肥和排毒的作用。

厨房妙招 调味料事先在碗里配好，再放入绿豆凉粉里搅拌，这样就可以根据自己的口味来调节调味料，味道也会比较均匀，搅拌起来也会轻松些，使得绿豆凉粉不容易碎。

绿豆鲫鱼汤

原材料
鲫鱼1条，绿豆30克，胡萝卜1根，海带（鲜）50克，蜜枣2颗，姜2片。

调味料
陈皮5克，盐2克，植物油适量。

做法
1. 鲫鱼剖洗干净，用平底锅加少许油烧热，放入鲫鱼，煎至两面呈金黄色，捞出控净油。
2. 绿豆洗净；胡萝卜洗净，去皮，切成小块；海带洗净。
3. 锅内放入适量清水，煮开，放入鲫鱼、红萝卜块、海带、绿豆、蜜枣、陈皮、姜片，煲2小时左右，调入盐即可。

功效
绿豆具有利尿、解毒的作用，可以帮助清除水毒，消除水肿，降低过高的胆固醇含量。

厨房妙招
鲫鱼的腥味可用料酒来去除，用牛奶的效果也很好，吃过鲫鱼后嚼茶叶可使口气清新。

绿豆百合汤

原材料
绿豆、百合各30克。

调味料
冰糖少许。

做法

1. 将绿豆、百合洗净，用适量清水浸泡半小时。

2. 锅内放绿豆、百合和适量清水，大火煮滚后，改以小火煮到绿豆熟，可加入少许冰糖。

3. 绿豆熟后连豆带汤一同饮用，也可单独用绿豆煎水服。

功效
这道绿豆百合汤具有利尿、消水肿的作用，清热解毒的同时还具有养颜美容的功效。

厨房妙招
百合做食材有鲜百合和干百合两种，如果做菜注重食疗的话，尽量选择用鲜百合，效果会更好一些。

绿豆饭

功效
绿豆含有丰富的无机盐、维生素。以绿豆汤为饮料，可以及时补充流失的营养物质，达到清热解暑排毒的效果。

原材料
大米100克，绿豆50克。

调味料
无。

做法

1. 将绿豆淘洗干净，用温水浸泡4小时，放入锅内。

2. 锅内加适量清水，煮沸，换小火煮30分钟。

3. 大米淘洗干净，用电饭锅蒸熟，断开电源，倒入煮好的绿豆及汤汁，再次煮成饭即可。

厨房妙招
绿豆制作成干饭一定要煮烂，必要时可用温水多浸泡一会儿，未煮烂的绿豆腥味强烈，吃后易恶心、呕吐。

杂粮·燕麦

燕麦一直和稻米、玉米一样被人们作为粮食使用，它的营养价值和医疗保健价值都非常高，但是由于口感不像稻米、玉米那样好，过去燕麦多被当作喂马的饲料，现在人们才重新认识到它是一种特别好的保健食品。燕麦片本身营养价值特别高，即便不加入其他营养成分，燕麦片作为主食就已经很好了。天然的燕麦片蛋白质含量高达13%～15%，其中钙、钾含量十分高，还有较多的不饱和脂肪酸。长期吃燕麦，有利于预防糖尿病和减肥。

● 燕麦营养

燕麦含较多的粗蛋白质，蛋白质的氨基酸组成也比较全面，人体必需的8种氨基酸含量都很高，尤其是赖氨酸。

燕麦具有高蛋白低碳水化合物的特点，同时燕麦富含可溶性纤维和不溶性纤维，正符合了现代人所倡导的"食不厌粗"的饮食观。

● 瘦身养颜关键词

排宿便

燕麦还含有大量的不溶性纤维，可以刺激大肠蠕动，从而促进体内宿便排出，有润肠通便的作用，可以预防肠燥便秘。

降胆固醇

燕麦富含不饱和脂肪酸、可溶性纤维和皂甙素等，能大量吸收人体内的胆固醇并排出体外，可以降低血液中胆固醇与甘油三酯的含量，能调脂减肥。

降血脂

燕麦含有丰富的膳食纤维等，有降脂、抗凝的作用，可以帮助降低血糖，能够预防高血压、高脂血症、动脉硬化。

消脂

燕麦含有丰富的能溶解脂肪的纤维，可以有效地帮助身体燃烧脂肪，可溶性的纤维具有很高的黏稠度，可以延缓胃排空，增加饱腹感，达到控制食欲的目的，因此具有相当好的消脂减肥的效果。

● TIPS

1. 尽量不要买特别甜的燕麦，因为天然的燕麦毫无疑问是不含糖分的，如果买回家的燕麦片很甜，那就意味着其中50%以上是糖分，燕麦的营养价值就会大打折扣。

2. 尽量不要买口感细腻、黏度不足的燕麦，比如免煮或者速食类的燕麦片，这类产品的燕麦片含量不高，糊精之类成分含量高，不仅营养价值会降低，而且会让血糖上升速度加快，高饱腹感的优点也会大打折扣。

3. 尽量不要买添加了植脂末的燕麦，虽然植脂末可以改善口感，但它含有氢化植物油，其中的反式脂肪酸和饱和脂肪酸对健康很不利。

4. 尽量买能看得见燕麦片特有形状的产品，纯燕麦片本身就是全谷的，没有经过除去外层部分的处理，所以即使是速食的，也应当可以看到已经散碎的燕麦片。

5. 如果包装不透明，不能看到燕麦片的形状，就要留心看一看蛋白质含量，如果在8%以下，就表示燕麦片比较少，作为早餐的话就要配合牛奶、鸡蛋、豆制品等蛋白质含量丰富的食品一起吃。

6. 燕麦一次不要吃得太多，不然可能会造成胃痉挛或者腹部胀气。

草莓牛奶燕麦粥

功效 草莓能清洁肠胃和养护肝脏，是排毒水果，牛奶可以调节内分泌和美白、减肥，用牛奶和草莓搭配燕麦一起食用，可以更有效地促进对钙和铁的吸收，刺激大肠蠕动，促进排泄，清除宿便，保持窈窕好身材。

厨房妙招 纯燕麦片煮出来的效果是最好的，所以最好不要放糖或者蜂蜜，如果很不适应燕麦的粗糙口感，可以适当放少许蜂蜜，但不要放糖，不然很容易破坏燕麦的营养价值。另外对阿司匹林过敏或肠胃功能不好的话，可以不放草莓。

原材料

燕麦片50克，草莓3个，牛奶1杯。

调味料

蜂蜜适量。

做法

1. 草莓洗净备用。

2. 锅内加入适量清水，放入燕麦片，大火煮开，转中火，熬煮至燕麦粥浓稠，盛起。

3. 将冷牛奶倒入装有燕麦粥的容器里，略为搅拌，放入草莓，根据口味调入少许蜂蜜即可。

燕麦银鳕鱼

 原材料

银鳕鱼200克，燕麦片100克，小西红柿2个，鸡蛋1个，面粉50克，芹菜少许。

 调味料

沙拉酱、芥末酱各1大匙，柠檬汁1小匙，盐、鸡精、植物油各适量。

 做法

1. 鳕鱼洗净；小西红柿洗净，切成小块；芹菜洗净；鸡蛋磕破，打散。

2. 鳕鱼加入盐、鸡精、柠檬汁，搅拌均匀，放入面粉，拌匀，挂上鸡蛋液，裹上燕麦片。

3. 锅内放入适量植物油，烧至三成热，放入鳕鱼排，煎熟，装盘。

4. 将沙拉酱和芥末酱拌匀浇在鳕鱼排上，将小西红柿和芹菜放在盘两头装饰即可。

 功效　燕麦有通便、活血和降低胆固醇以及血脂的作用，同时有很好的减肥效果。鳕鱼肉中含有丰富的镁元素，对心血管系统有很好的保护作用，有利于预防高血压等心血管疾病。

厨房妙招　市场上卖的鳕鱼质量差别很大，好的鳕鱼肉质紧密，国产的好鳕鱼是每500克20元左右，稍差一点的鳕鱼的价格通常是好鳕鱼价格的一半。

鸡丁苦瓜燕麦粥

功效 燕麦与苦瓜搭配，可以帮助排出身体毒素，减少身体脂质沉积，预防高血脂症等，搭配热量低的鸡肉，这道粥常吃瘦身养颜功效明显。

厨房妙招 不喜欢苦味的人，可以将切好的苦瓜放入开水中余一下，或用盐腌一下，都可减轻它的苦味。

原材料

大米100克，燕麦2大匙，鸡肉50克，苦瓜100克，姜片少许。

调味料

料酒、盐各1小匙，味精半小匙，胡椒粉少许。

做法

1. 大米洗干净，浸泡30分钟；燕麦浸泡8小时。

2. 鸡肉洗净切丁，焯水烫透；苦瓜洗净，去瓤切片，焯水烫透后捞出备用。

3. 锅中加入清水、大米、燕麦，上火烧沸，下入鸡丁、姜片及调味料，搅拌均匀。

4. 转小火，煮1小时，再下入苦瓜煮10分钟，离火，出锅装碗即可。

燕麦油菜粥

 原材料

燕麦片100克，油菜2棵，鸡蛋1个。

 调味料

排骨汤1碗，盐、香油各适量。

 做法

1. 锅中放入排骨汤烧开，加入燕麦片，用筷子不断搅动，直至燕麦片软烂。

2. 鸡蛋在碗中打散。油菜洗净，切成碎末。将蛋液、油菜碎放入燕麦粥中，再次烧开后，小火继续加热1分钟，离火。

3. 调入盐和香油，放凉即可食用。

功效 燕麦中含有大量的抗氧化物质，这些物质可以有效地清除自由基，减少皱纹，淡化色斑，保持皮肤的弹性和光泽。

厨房妙招 燕麦片煮之前也可以先用冷水浸泡一下，时间长短视情况而定。

燕麦煎鸡排

原材料

鸡胸肉200克，燕麦100克，洋葱1个，黄瓜半根，西红柿1个，鸡蛋1个，面粉适量。

调味料

柠檬汁1小匙，盐、胡椒粉、酸甜辣酱、植物油各适量。

做法

1. 鸡胸肉洗净，切成厚片；西红柿洗净，切成薄片；黄瓜洗净，切成薄片；洋葱去净皮，洗净，切成薄片。

2. 切好的西红柿、黄瓜、洋葱放入盘中；鸡胸肉中加入柠檬汁、盐、胡椒粉拌匀，腌渍备用。

3. 鸡肉腌好后，放入面粉调匀，再打入鸡蛋调匀，最后放入燕麦裹匀。

4. 锅内放入适量植物油，烧至六成热，放入燕麦鸡排，煎至呈金黄色，装入蔬菜盘中，食用时搭配酸甜辣酱即可。

功效 在将鸡胸肉做成鸡排的时候，可以事先将鸡蛋打散，根据自己的口味调入调味料，再来与鸡胸肉混匀，这样更入味，并且搅拌起来也会比较轻松。煎鸡排的油不用太热，避免煎糊。

厨房妙招 燕麦煎鸡排可以改善血液循环，预防高血脂症，减少脂质沉积等。

人们很早就认识到薏米具有延缓衰老和预防疾病的作用了。薏米是常用的中药，又是常见的食物；是一种美容食品，也是补身的药用佳品。

● 薏米营养

薏米含丰富的碳水化合物，其主要成分为淀粉及糖类，并含有脂肪、蛋白质、薏苡仁酯、亮氨酸、鞍氨酸、B族维生素和维生素E等营养物质。

薏米有防癌的作用，其含有的硒元素能有效抑制癌细胞的生长，有促进新陈代谢和减少肠胃负担的作用，还可以利尿、排脓。

夏天用薏米煮粥或做冰薏米水，是很好的消暑健身的清补剂；冬天用薏米炖猪脚、排骨和鸡，是很好的滋补食品。

● 瘦身养颜关键词

利水消肿促便

薏米含有多种维生素和矿物质，能增强肾功能，促进体内血液和水分的新陈代谢，利水消肿，清热排脓，对消除因水毒引起的水肿很有效，常被用作利水渗湿的药物。经常吃薏米可帮助排便，所以也可以帮助减轻体重。

美容抗衰老

薏米中含有一定的维生素E，有助于消除斑点，对脱屑、皮肤粗糙等都有很好的改善作用。常吃薏米可以保持皮肤光洁细腻，使皮肤光滑，减少皱纹，消除色素和斑点。

降血脂

薏米含有丰富的水溶性纤维，可以帮助吸附负责消化脂肪的胆盐，使肠道对脂肪的吸收率变差，帮助我们降低血脂浓度。

• TIPS

1. 薏米比较难煮熟，可以在煮之前先用温水浸泡2～3个小时，让薏米充分吸收水分，这样煮的时候就容易熟了。

2. 薏米用水煮软或炒熟比较有利于肠胃的吸收，身体常觉疲倦没力气的人，可以适当多吃。薏米中含有丰富的蛋白质分解酵素，能使皮肤角质软化，对保持皮肤光滑有帮助。

3. 煮薏米的时候，可以放一点牛奶，这样更能保持皮肤细腻有光泽，也更有助于消除粉刺及各种斑点。

4. 孕期和经期的女性不能吃薏米，因为薏米性凉，有使身体冷虚的作用。

香菇薏米饭

👍 **原材料**

薏米50克，粳米250克，香菇50克，油豆腐3块，青豆半小碗。

👍 **调味料**

盐、植物油各适量。

👍 **做法**

1. 薏米洗净，用温水浸泡；粳米洗净；香菇洗净，用温水浸泡至软，捞出控净水，切成小块，香菇浸出液沉淀滤清备用；油豆腐洗净，切成小块；青豆洗净。

2. 取一个容器，放入粳米、薏米、香菇块、油豆腐块、香菇浸出液，搅拌均匀。

3. 调入适量植物油和盐，撒上青豆，上笼蒸熟即可。

功效 香菇对体内的过氧化氢有一定的消除作用，香菇薏米饭能起到降血压、降胆固醇、降血脂的作用，同时还具有特别好的美容功效。

厨房妙招 香菇发好后，不妨在用到前将它放进冰箱冷藏，这样香菇的营养物质才不会损失很多。做这道菜时，我们也用了泡香菇的水，因为泡过香菇的水溶入了很多营养物质，倒掉了会很可惜。

薏米南瓜煲

🥄 **原材料**

薏米30克，南瓜200克，火腿肠1根。

🥄 **调味料**

盐适量。

🥄 **做法**

1. 薏米洗净，用清水浸泡至发软；南瓜去皮，洗净，切成块；火腿肠去衣，洗净，切成薄片。

2. 锅内放入适量清水，加入薏米，大火烧开，转小火煨熬，至汤稠，取薏米汤备用。

3. 取一个煲，将火腿肠薄片铺在煲底，垫匀，将南瓜块放在火腿肠片上，将薏米汤灌入煲中，撒上盐，放入蒸锅中，旺火蒸30分钟即可。

功效

南瓜能延缓肠道对脂质的吸收，还能降低血液中胆固醇的含量，南瓜搭配薏米煲汤可以帮助降低血脂和胆固醇，还能刺激肠胃蠕动，促进排便，有助于减肥。

厨房妙招

做这个煲的时候用的是薏米汤，如果不方便一边煮汤一边准备做煲，可以事先将薏米用温水泡一泡，煮好以后取出汤汁放着，这样做煲的时候就没有后顾之忧啦。

山药薏米芡实粥

原材料

薏米50克，山药1根（300克左右），芡实40克，大米100克。

调味料

盐少许。

做法

1. 将薏米和芡实洗净，用清水浸泡2小时左右。大米洗净，用清水浸泡半小时。山药去皮，切成薄片备用。

2. 将泡好的薏米、芡实和大米放入锅中，加入1500毫升清水，先用大火煮开，再用小火煮30分钟左右。

3. 加入山药片，再煮10分钟，加盐调味即可。

功效 薏米营养丰富，既是常吃的食物，也是中药，夏秋季节将薏米、山药和芡实搭配煮粥，清暑利湿，排毒瘦身。

厨房妙招 芡实要研碎才容易煮熟，食用时要细嚼慢咽。

薏米绿豆粥

功效 薏米具有利水、消肿、健脾去湿的功效，绿豆性凉，有较好的清热解毒的作用，能帮助人体排出毒素，二者搭配，减肥养颜效果兼得。

厨房妙招 薏米不容易煮熟，过度烹煮又会破坏其功效，所以煮之前最好先用水浸泡3个小时以上。

原材料

薏米30克，绿豆30克，薄荷叶6克。

调味料

冰糖15克。

做法

1. 将薄荷叶用水煎约30分钟，取汁去渣备用。

2. 将绿豆用开水浸泡，然后用水煮至半熟。

3. 加入薏米同煮至豆熟米烂。

4. 然后调入薄荷水及少许冰糖即可。

薏米冬瓜汤

功效 冬瓜和薏米都具有利尿消肿的作用，冬瓜还不含脂肪，两种食物的热量都很低，冬瓜薏米汤对消除水肿、降低血脂很有帮助，能有效地达到减肥和养颜的目的。

厨房妙招 做这个汤的时候，冬瓜尽量切得厚一些，不要太薄，不然冬瓜很容易煮烂。冬瓜里的水分含量很高，太薄的冬瓜煮久了就都化成水了，会影响汤的效果。另外，其实冬瓜连皮煮的利尿效果会更好。

原材料
冬瓜200克，薏米50克，葱1根，姜1片。

调味料
料酒1小匙，胡椒粉少许，盐、鸡精各适量。

做法
1. 薏米洗净，放在清水中浸泡至发软，捞出备用；冬瓜去皮，洗净，切成块；葱洗净，切成末；姜洗净。
2. 锅内加适量清水，放入泡好的薏米、姜片、料酒，大火烧开，转小火煮10分钟。
3. 放入冬瓜块，继续煮8分钟，调入盐、鸡精、胡椒粉，撒上葱末即可。

杂粮·糙米

　　糙米实际上是保留了外层组织的大米，我们平常吃的大米就是由糙米经过精磨、去掉外层组织的处理后形成的，这样的米看起来雪白细腻，吃起来也比较柔软爽口，而糙米口感比较粗，质地也很紧密，煮起来还比较费时，所以现在很少有人吃糙米了。

　　大米经过加工处理后剩下的就主要是碳水化合物和部分蛋白质，营养物质流失很多。糙米的营养价值比大米要高很多，米中60%～70%的维生素、矿物质和大量人体必需的氨基酸都聚积在糙米所保留的这些外层组织中。

● 糙米营养

　　糙米保留了大量膳食纤维，可预防便秘和结肠癌，降低血脂。

　　糙米中钾、镁、锌、铁、锰等矿物质含量较高，对预防心血管疾病和贫血有很多好处。

　　糙米的米糠和胚芽部分含有丰富的B族维生素和维生素E，能促进血液循环，帮助消除沮丧烦躁的情绪，使人充满活力，并帮助延缓衰老。

　　糙米的蛋白质含量虽然不多，但是质量很好，主要是米精蛋白，氨基酸的组成比较全面，人体容易消化吸收，还含有较多的脂肪和碳水化合物，短时间内可以为人体提供大量的热量。

● 瘦身养颜关键词

排宿便

　　糙米的外层组织中含有大量膳食纤维，可以增进肠道有益菌的繁殖，刺激肠道蠕动，进而帮助排出积存在体内的宿便，排出毒素，预防便秘和结肠癌。

降血脂和胆固醇

糖米中富含的膳食纤维能与胆汁中的胆固醇结合，促进体内过多胆固醇的排出。糖米中的维生素E能促进血液循环，预防动脉硬化和高血压，从而净化血液，有助于降低血脂。

利尿排毒

糖米是天然的利尿剂，可以促进体内的新陈代谢，有助于排出体内过剩的养分及毒素。

● TIPS

1. 糖米比较难煮熟，因此煮之前可以用清水多泡一段时间，或者是煮的前一天晚上泡着，第二天早上起来后捞出。

2. 糖米煮出来的饭尽量不要放凉了，因为糖米饭凉了以后会变得很硬，会更加影响口感。给大家支一招，那就是糖米中加一些糯米一起煮，这样可以使得糖米饭更好吃一些，而且即使凉了糖米饭也不会发硬，还能始终保持松软的口感。

3. 做糖米饭时，用米量可以比平时少一些，因为吃糖米饭很容易有饱腹感，不会吃得很多。

糙米烩饭

原材料

糙米饭90克，红萝卜15克 ，花椰菜15克，

虾仁、茶树菇各适量。

调味料

料酒1小匙，盐、植物油

各适量。

做法

1. 红萝卜洗净，切成小片；花椰菜洗净，用手掰成小块；茶树菇洗净，泡发；虾仁洗净。

2. 取一个碗，盛糙米饭至碗中备用。

3. 依次将红萝卜、花椰菜、茶树菇、虾仁放入沸盐水中焯一下，捞出控净水。

4. 锅内放入适量清水，烧开，放入烫好的红萝卜、花椰菜、茶树菇、虾仁，调入适量植物油、盐、料酒，再下入糙米饭，搅拌均匀即可。

功效　花椰菜钾元素含量很高，有助于排出体内积蓄的盐分，调节体内的水分代谢；胡萝卜丰富的膳食纤维有助于促便和降低胆固醇。这道糙米烩饭还有助于降血脂和减肥。

厨房妙招　买回来的新鲜虾放冰箱速冻一个小时，然后拿出来马上放到水里面，简简单单就能把虾仁挤出来了。

高纤糙米燕麦粥

📖 原材料

燕麦、高粱各20克，糙米40克，黑豆10克，花生米20克。

📖 调味料

盐适量。

📖 做法

1. 燕麦、高粱、糙米和黑豆提前浸泡4小时以上。

2. 锅中放入适量水煮沸，放入燕麦、高粱、糙米、黑豆和花生米。

3. 保持中小火，煮2小时至米软烂即可。

4. 出锅时加入盐。

功效 糙米中米糠和胚芽部分的B族维生素和维生素E能提高人体免疫功能，促进血液循环，还能帮助人们消除沮丧烦躁的情绪，使人充满活力。

厨房妙招 糙米口感较粗，质地紧密，煮起来也比较费时，煮前可以将它淘洗后用冷水浸泡过夜，然后连浸泡水一起投入高压锅，煮半小时以上。

银鱼香肠糙米饭

原材料

小银鱼半小碗，香肠1根，糙米50克，葱1根。

调味料

黑胡椒、盐各适量。

做法

1. 小银鱼用清水冲洗干净；糙米洗净，用清水浸泡至发软，捞出；葱洗净，切成末。

2. 锅内放入适量清水，倒入糙米，煮熟成饭。

3. 另置一锅，锅内放入适量清水，放入小银鱼、香肠，加盖，中火烧开，转小火，稍焖片刻，至小银鱼熟。

4. 调入黑胡椒、盐，倒入煮好的糙米饭，撒上葱末，拌匀即可。

功效

银鱼是高蛋白低脂肪的食物，与糙米饭一起吃对抑制体内血脂升高很有帮助，银鱼香肠糙米饭具有促便、排毒的功效，对瘦身也很有用，还很适合高血脂的人食用。

厨房妙招

把糙米煮得柔软好吃有一些小技巧，例如可以把糙米先用清水浸泡一天，如果是冬天的话，可以泡两天，再放入蒸锅中蒸30分钟，最后将蒸好的糙米煮成饭，这样煮出来的糙米饭比白米饭还好吃呢，而且营养价值也保留得比较完整。

糙米糊

 原材料

糙米粉70克。

 调味料

盐适量。

做法

1. 取一个空碗，放入糙米粉。

2. 冲入适量开水，搅拌均匀，把糙米粉调成糊状。

3. 调入适量盐即可。

功效 这道糙米糊坚持吃下来，一个星期内就会帮助排出大量的宿便，有效地清除体内的毒素，还有助于降低血脂浓度和胆固醇，所以说糙米糊是绝佳的瘦身良方哦。

厨房妙招 糙米糊加盐后的味道可能会比较令人难以接受，如果实在是不能忍受，可以选择不加盐，或者是钟爱甜食的话，也可以放少量蜂蜜，但是不能多放，不然效果就不好了。

糙米紫薯南瓜粥

 原材料

糙米60克，紫薯50克，南瓜50克，杏仁20克。

 调味料

盐适量。

做法

1. 糙米洗净，泡水30分钟。

2. 紫薯和南瓜分别洗净，切块。

3. 将糙米放入电饭煲，启动煲粥模式，预约好时间。

4. 粥煮好后放入紫薯和南瓜块，继续炖煮至紫薯和南瓜软烂，放入杏仁，加适量盐即可。

功效 吃糙米对肥胖者特别有益。吃糙米更有饱腹感，有利于控制食量，从而帮助减肥。

厨房妙招 糙米口感不好，如果煮粥的时候加少量的糯米，会好吃很多。

杂粮·红豆

很多人认为红豆就是相思豆，其实这里面可是大有不同呢。真正的相思豆是有毒的，毒素在相思豆的种子里，其毒性甚至超过了砒霜。生活中常见的手串等一些首饰很多都是用相思豆制作的。而真正的红豆又叫赤小豆或小豆，是药食兼用的杂粮之一，也是女性健康的好帮手，能让人气色红润，维持苗条身段。

● 红豆营养

红豆富含淀粉、维生素B_1、维生素B_2、蛋白质及多种矿物质，可以促进心脏活化。

红豆中富含膳食纤维和铁质，可以帮助补血。

红豆还含有多种无机盐和矿物质元素，如钾、钙、镁、铁、铜、锰、锌等。

● 瘦身养颜关键词

消除水肿

红豆含有丰富的无机盐和微量元素，还含有一种皂甙类物质，能促进排尿，具有消肿、瘦身的功效。出现水肿后，如果立刻喝红豆汤，第二天就可以看到水肿减退，一个星期左右就能帮助消除水肿了。

通便

红豆含有较多的膳食纤维，具有良好的润肠通便作用，可以刺激肠胃蠕动，增大粪便体积，促进宿便排出。

降血脂

红豆中所含的钙、镁等矿物质和无机盐，有助于排出血液中多余的脂类，能帮助降血压、降血脂、解毒抗癌、预防结石。

抗疲劳

红豆中维生素B_1含量丰富，除了能加速糖分的分解燃烧，还能防止疲劳物质沉淀在肌肉里，可以防止乳酸堆积造成的酸软疲劳感。

补血活血

红豆富含铁质，有养血的功效，可以促进血液循环，帮助清除淤血。

● TIPS

1. 体质瘦弱的人和平时尿多的人不要吃太多红豆，因为红豆有利尿和瘦身的作用，所以本来瘦弱和尿多的人要注意避免吃过多红豆。

2. 煮红豆的时候，可以加少量盐，因为红豆的豆类纤维容易在肠道产生气体，而加入的糖又会促进胀气，所以加些盐可以稍微"中和"一下。

3. 冬天可以用红豆来暖身，红豆是豆类中含水量最少的，加热以后温度不容易下降，利用这种保温效果，可以将生红豆装入一个口袋中，缝起来后放入微波炉里加热，用来暖身可以保温2~3个小时，还能重复使用，非常方便而且环保。

红豆拌花椰菜

原材料
红豆40克，洋葱半个，花椰菜250克。

调味料
柠檬汁少许，盐、色拉油各适量。

做法
1. 红豆洗净，用清水浸泡待用；洋葱剥皮，洗净，切成丁；花椰菜洗净，用手掰成小朵。

2. 锅内放入适量清水，加入红豆，煮熟，捞出控净水备用；掰好的花椰菜放入沸水中焯一下，至熟后捞出；洋葱丁放入沸水中焯一下，捞出。

3. 将洋葱放入容器中，铺开，放入花椰菜、红豆、柠檬汁、盐和适量色拉油，拌匀即可。

功效 洋葱在吃之前最好焯一下，尽量不要生吃，因为洋葱中含有草酸，在体内会影响钙的吸收，焯一下可以减少洋葱中草酸的含量。花椰菜很软，要留意烫的时间，不用烫很久。

厨房妙招 花椰菜富含抗氧化物、维生素C及胡萝卜素，具有抗衰老和抗癌的作用，用红豆凉拌花椰菜比较好地保留了红豆和花椰菜的营养素，可以帮助消除水肿，促进排便，抵抗疲劳，还能很好地帮助瘦身。

蜜汁红豆红薯

🖐 **原材料**

大米150克，红豆100克，红薯1个，葡萄干适量。

🖐 **调味料**

蜂蜜适量。

🖐 **做法**

1. 大米、红豆洗净，用清水浸泡至发软，捞出；红薯洗净，去皮。

2. 锅内放入适量清水，投入红豆和大米，大火烧至红豆开花，水近干；另置一锅，放入适量清水，投入红薯，大火煮至红薯熟烂即可。

3. 将红豆大米与红薯放在一起拌匀，加入蜂蜜和葡萄干即可。

功效 红豆和红薯都是排毒瘦身的好食物，两者不仅有促进排便、降血脂和胆固醇的效果，对抗衰老和抗疲劳也很有作用，常吃红豆和红薯还有助于抗癌和长寿。

厨房妙招 煮红豆和红薯的时候，如果手边有高压锅的话，可以放在高压锅内分别压到熟烂，这样做的过程就简单一些了。另外红薯和红豆煮熟后都是有甜味的，所以可以根据自己的口味选择放多少蜂蜜调味，如果不喜欢甜食，那就可以不用放蜂蜜。

红豆薏米西瓜汤

功效 西瓜有清热解暑、利尿排毒的功效，薏米有健脾祛湿的功效，红豆有利水消肿的功效，三者搭配煲汤，瘦身养颜效果显著。注意，这道汤中的薏米寒凉，所以孕妇不能吃。

厨房妙招 如果喜欢吃软烂的红豆，可以在熬煮红豆时熬得更久一些，只是要注意水量，别熬得糊底了哦。

原材料
西瓜1个，红豆和薏米各50克。

调味料
冰糖适量。

做法

1. 把西瓜洗净，挖出瓜瓤，取汁。

2. 将红豆和薏米提前泡好，然后放入锅中，加入适量清水和冰糖，煮成粥。

3. 待粥煮好后加入适量西瓜汁，一同放入盅中，放蒸锅中稍蒸即可。夏天可放入冰箱冰镇后食用。

双红煲乌鸡

原材料
乌鸡半只，红豆50克，红枣5粒，荸荠适量，葱少许，生姜1块。

调味料
盐、高汤各适量，胡椒粉少许，料酒1大匙。

做法

1. 红豆用温水泡透，乌鸡斩成块，荸荠去皮，生姜去皮切片，葱切段。

2. 锅内烧水，待水开时，投入乌鸡，用中火煮3分钟至血水尽时，捞起冲净。

3. 瓦煲一个，加入红豆、乌鸡、红枣、荸荠、生姜，注入高汤、料酒、胡椒粉，加盖，用中火煲开。

4. 改小火煲2小时，调入盐，继续煲15分钟，撒上葱段即可。

 功效 这道菜补虚损、养气血，可以滋养身体，调理出好气色。

 厨房妙招 红豆在煮之前，最好用水浸泡8~10个小时，这样容易煮烂，口感会更好。

红豆沙

🫑 **原材料**

红豆100克，莲子20克，百合（干）10克。

🫑 **调味料**

白糖适量，黄油少许。

🫑 **做法**

1. 红豆、莲子、百合分别洗净，用清水浸泡至发软，捞出。
2. 锅内放入适量清水，放入红豆、莲子、百合、白糖，大火煮至红豆全部开花，水分近干。
3. 趁热将锅内所有材料用汤勺压烂。
4. 调入少许融化的黄油，搅拌均匀即可。

功效 莲子、百合和红豆一起煮，有很好的美容功效，能帮助降低血压，减少血液中的脂质沉积，促进毒素排出。

厨房妙招 如果材料没有时间泡，也可以直接煮，要是手边正好有高压锅，那么煮起来会更快一些。煮材料的水没过材料一节食指就可以了，以最后能几乎烧干为好。另外，压烂的红豆沙放入黄油会更加香滑。不喜欢用汤勺捣烂热红豆的话，可以放凉后装在保鲜袋里用擀面杖压烂。

蔬菜 · 黑木耳

黑木耳是一种营养丰富的食用菌，有"素中之荤"的美名，也是我国传统的保健食品。事实上，黑木耳的很多好处是古往今来人们都公认的，例如瘦身美容等。用黑木耳做菜，菜式多样，具有香嫩爽滑、引人食欲的特点，同时对健康很有好处，是一种理想的保健食品。

黑木耳营养

黑木耳含有丰富的蛋白质，与动物类食品蛋白质的含量也有得一比，维生素E含量也非常高，美白肌肤它是上选，在所有食物中黑木耳含铁量首屈一指。此外，黑木耳还富含碳水化合物、胶质、卵磷脂、胡萝卜素、维生素B_1等多种营养成分。

瘦身养颜关键词

排毒清胃

黑木耳中含有一种植物胶质，有较强的吸附力，可集中地将残留在消化系统中的灰尘杂质吸附起来，然后排出体外，所以可以排毒清胃。

防止便秘

黑木耳中含有丰富的纤维素和植物胶质，以及一种叫做"多糖体"的物质，它们共同作用，能刺激和促进胃肠蠕动，从而防止便秘。

活血化瘀

黑木耳中含有丰富的铁，可防治缺铁性贫血，有补气活血和凉血滋润的作用，能活化血液，化解淤血，令人肌肤红润，容光焕发。

抗衰老

黑木耳中含有的维生素E比较多，有抗脂质过氧化的作用，从而延缓衰老，对皮肤很有好处，还能使人延年益寿。

● TIPS

1. 黑木耳要尽量买干的，拿回家以后用水泡发就可以，因为鲜木耳含有一种叫卟啉的光感物质，吃后经太阳照射会引起皮肤瘙痒、水肿，甚至导致皮肤坏死，是吃不得的。另外，干木耳泡发后紧缩在一起的部分要去掉，这也不适合吃的。

2. 孕妇不要吃黑木耳，因为黑木耳有活血化瘀的功效，不利于胎儿的稳定和生长。

3. 清洗黑木耳的小窍门。

盐水泡：将黑木耳放进温水中，再放入一些盐，搅拌均匀后浸泡半小时，这样做可以让黑木耳迅速地变软。

淀粉水泡：将黑木耳放进温水中，然后加入两大匙左右的淀粉，搅拌均匀后浸泡。这种方法可以有效地除去黑木耳中细小的杂质和残留的沙子。

素笋木耳汤

🥄 **原材料**

冬笋200克，水发黑木耳100克，香菜1根。

🥄 **调味料**

高汤1碗，葱姜汁、盐、鸡精、香油各适量。

🥄 **做法**

1. 先将冬笋去皮洗净，切成薄片，入沸水中略烫捞出，放凉水中过凉后捞出控水。

2. 黑木耳洗净，择成小朵；香菜去叶洗净后切成小段。

3. 锅置火上，倒入高汤，加入葱姜汁，再放入冬笋片、黑木耳片。

4. 待汤煮沸时，用勺撇去浮沫，放入香菜梗，加盐和鸡精调味，淋上香油搅匀后盛入碗中即可。

功效　冬笋是低脂肪的蔬菜，并含多种人体所需氨基酸；黑木耳中含有丰富的纤维素和一种特殊的植物胶质，能促进胃肠蠕动，促使肠道脂肪排泄，减少食物脂肪的吸收，从而起到减肥作用。

厨房妙招　如果家里没有高汤或制高汤比较麻烦，可以直接用市售的高汤代替。

068　瘦身养颜食谱

家常木须肉

🫑 **原材料**

黑木耳3朵，黄花菜10克，猪里脊300克，黄瓜1根，葱白2段，鸡蛋2个。

🫑 **调味料**

料酒1小匙，酱油1大匙，淀粉1小匙，水淀粉1小匙，盐、白糖、香油、植物油各适量。

🫑 **做法**

1. 黑木耳用温水浸泡至软，捞出，去蒂，洗净，用手撕成小片；黄花菜用温水浸泡至软，捞出，洗净；猪里脊洗净，切成薄片；黄瓜洗净，切成菱形片；葱白洗净，切成片。

2. 鸡蛋打散，调入清水和几滴料酒，拌匀后放入切好的猪里脊中，抓拌均匀，腌渍5分钟。

3. 锅内放入植物油，烧至七成热，放入鸡蛋，炒散成不规则的小块，装盘。

4. 锅内留少许底油烧热，放入猪里脊，煸炒至肉色变白，加入葱，翻炒片刻，调入酱油、盐、白糖，炒匀，加入黑木耳、黄花菜、黄瓜、鸡蛋，炒至熟，用水淀粉勾芡后淋入适量香油即可。

功效 这道家常木须肉对降血脂和降胆固醇效果很好，还具有补血活血的作用，是瘦身养颜的最佳选择。

厨房妙招 黄瓜切成菱形片可以这样做：斜刀将黄瓜切成2厘米长的段，将黄瓜段放平后直刀切成片，这个片的形状就是菱形了。

黑木耳炒腐竹

原材料

黑木耳4朵，腐竹100克，姜2片，蒜2瓣，葱2根。

调味料

酱油1大匙，剁椒、蚝油、水淀粉各1小匙，盐、植物油各适量。

做法

1. 黑木耳用温水浸泡至软，捞出，去蒂，洗净，撕成小朵；腐竹用清水浸泡至软，捞出，洗净，控净水，切成5厘米长的段；姜洗净，切丝；蒜去皮，洗净，切片；葱洗净，切段。

2. 锅内放入植物油，烧至七成热，投入姜丝、蒜片，爆至出香味，放入黑木耳与腐竹，快速翻炒片刻，调入剁椒和适量蚝油，加少许清水，焖3分钟至入味。

3. 调入盐、葱段、酱油，快速炒匀，倒入水淀粉勾薄芡即可。

功效 浸泡腐竹最好是用凉水，这样可以使腐竹的外观看起来清爽和整洁，因为用热水或者温水泡的话，高温容易使得腐竹变形和破碎。现在市场上有些腐竹用凉水泡半小时就能泡开了。

厨房妙招 腐竹和黑木耳都有降低胆固醇的作用，这道黑木耳炒腐竹能防止高脂血症、动脉粥样硬化。

木耳脆笋

🫑 **原材料**

莴笋1棵，木耳10朵，葱3段，姜2片，蒜3瓣，芝麻少许。

🫑 **调味料**

蚝油、醋各1大匙，白糖、盐、鸡精、植物油各适量。

🫑 **做法**

1. 莴笋去皮洗净，切成丁；黑木耳用温水浸泡至发软，捞出，去蒂，洗净，撕成小朵；葱洗净，切成末；姜洗净，切成末；蒜去皮，洗净，切成末。

2. 锅内放入适量清水，大火烧沸，放入黑木耳焯3分钟，捞出，控净水。

3. 另置一锅，放入适量植物油，烧至七成热，倒入葱姜蒜末，爆至出香味，放入莴笋丁，煸炒至将熟。

4. 放入黑木耳，翻炒片刻，调入蚝油、醋、白糖、盐和适量清水，炒至熟，关火，调入鸡精，装盘，撒上芝麻即可。

 功效 莴笋是低脂肪、低淀粉、高纤维的食物，这道木耳脆笋具有良好的促便效果，可以帮助消化，防止便秘，对减肥瘦身特别有好处。

 厨房妙招 莴笋削皮要从根部开始削，先将根部老的切去，再用小刀顺着根部向头部削撕，边削边撕会比较方便。

葱爆黑木耳

 原材料

　　黑木耳20克，葱、姜各适量。

调味料

　　花椒1茶匙，盐、味精、植物油各适量。

 做法

1. 木耳用温水泡开，洗净后用手撕成小朵；姜切末，葱切段。

2. 锅内放油烧至五成热，倒入姜末、花椒煸至出香味，放入黑木耳，快速翻炒2分钟。

3. 再放入葱段大火翻炒，撒盐、味精即可。

功效　这道菜具有凉血的功效，能活血化瘀，很适合夏天用来清胃排毒以及美容瘦身。

厨房妙招　这道菜还可以用红椒和黄椒来点缀，让颜色更诱人一些，红黄椒只要切丝稍泡一会儿就可以。

蔬菜·胡萝卜

胡萝卜营养价值很丰富，对人体健康非常有好处，又是生活中比较常见的蔬菜，物美又价廉，是真正平民化的好东西。作为家常蔬菜，胡萝卜质脆味美、肉质细密，有特殊的甜味，营养丰富，是有效的解毒食物。

● 胡萝卜营养

胡萝卜富含粗纤维、糖类、脂肪、蛋白质、氨基酸、挥发油、果胶、维生素A、维生素B_1、维生素B_2、维生素E、花青素、胡萝卜素、钙、铁、铜、镁、锰、钴、锌、硒、钾等营养成分，还含有十几种酶、木质素等。

● 瘦身养颜关键词

降胆固醇和血脂

胡萝卜中含有琥珀酸钾，有助于防止血管硬化，降低胆固醇，还含有懈皮素、山标酚等成分，能增加冠状动脉的血流量，降低血脂。

抗衰老

胡萝卜含丰富的胡萝卜素，可以帮助清除导致人体衰老的自由基，它所含有的B族维生素和维生素C等营养成分也具有润肤、抗衰老的作用。

通便

胡萝卜富含植物纤维，植物纤维在肠道中有很强的吸水性，能增加肠道中废物的体积，就像是肠道中的"充盈物质"，能够刺激肠道的蠕动，从而达到通便的效果。

解汞毒

胡萝卜含有丰富的胡萝卜素，同时还含有大量的维生素A和果胶，这些物质能够与体内的汞离子结合，可以有效降低血液中汞离子的浓度，从而加速体内汞离子的排出。

美容健肤

胡萝卜富含维生素，能促进轻微而持续地发汗，可以促进血液循环，同时刺激皮肤的新陈代谢，使得皮肤细嫩光滑，肤色红润，能帮助排出皮肤中的各种毒素，对美容健肤有独到的功效。

● TIPS

1. 食用胡萝卜最好不去皮，胡萝卜的表皮聚集着含量最多的胡萝卜素，如果去掉了皮，那就太可惜了。

2. 提倡熟吃胡萝卜，因为胡萝卜素是脂溶性物质，将胡萝卜煮熟，并伴随油脂一起吃可以将胡萝卜素的吸收率和利用率提高到九成，而生吃只有一成的利用率。要特别提醒的是，煮熟胡萝卜的过程中要加一点油或肉，不然胡萝卜素可就眼睁睁地流失了。

3. 用胡萝卜做菜，记得别放醋，酸性物质对胡萝卜素只有破坏作用，而不会有任何补益成分。

4. 一次不能吃太多胡萝卜，每天摄取6毫克胡萝卜素就可以满足需要了，过量食用胡萝卜，血液中过多的胡萝卜素会沉积在皮肤内，使得口鼻周围和手掌呈黄色。

胡萝卜烩四季豆

原材料

四季豆200克，胡萝卜1根，红辣椒3个，蒜2瓣。

调味料

盐、植物油各适量。

做法

1. 四季豆去蒂，去丝，洗净，斜切成2厘米长的段；胡萝卜洗净，切丝；红辣椒去蒂，去籽，洗净，切圈；蒜去皮，洗净，切末。

2. 锅内放入适量植物油，烧至七成热，投入蒜末、红辣椒圈，大火爆至出香味，倒入四季豆、胡萝卜翻炒至将熟。

3. 调入盐，加入适量清水，加盖中火焖5分钟即可。

功效

四季豆有利水消肿的作用，对清除水毒有帮助，胡萝卜与四季豆搭配有助于刺激肠道蠕动，从而促进大肠内的废物排出，清除毒素，是不错的美肤祛斑菜。

厨房妙招

处理四季豆的时候，要记得摘除豆筋，豆筋很不好消化，还会影响整个菜的口感。煮四季豆的时候要尽量多煮一会儿，保证四季豆熟透，鲜四季豆如果没有熟透会有中毒的危险，用沸水焯透或以热油煸熟，到变色熟透才可以吃。

芙蓉蛋汤

 功效 冬笋中的脂肪含量非常低，且含有大量的膳食纤维，它能够有效降低人体内多余的脂肪，可以防止脂肪堆积在体内的导致的肥胖。

 厨房妙招 把冬笋带皮切成两半，之后就很好去笋壳；鲜笋很容易碎，不宜切得过薄。

原材料

鲜香菇4朵，胡萝卜半根，鸡蛋1个，菠菜100克。

调味料

盐、香油各少许。

做法

1. 香菇洗净，切片；胡萝卜洗净去皮切片；菠菜洗净，切段；鸡蛋打散。

2. 起锅热油，下入胡萝卜片和香菇片炒软，加入适量水，大火煮沸后加入菠菜。

3. 再次煮沸时倒入蛋液，煮至蛋花成形，加盐和香油调味即可。

香蒜胡萝卜

 原材料

胡萝卜2根，蒜苗4根，蒜10瓣。

调味料

酱油1小匙，胡椒粉、花椒粉各少许，盐、鸡精、植物油各适量。

做法

1. 胡萝卜洗净，切成菱形片；蒜苗洗净，切成3厘米长的段；蒜去皮，洗净，切成粒。

2. 锅内放入适量植物油，烧至七成热，放入蒜粒，爆至出香味，蒜粒呈金黄色，放入胡萝卜片，煸炒至胡萝卜熟软。

3. 调入酱油、胡椒粉、花椒粉、盐、鸡精，翻炒均匀，投入蒜苗段，炒匀，至熟即可。

 功效

大蒜对抑制和杀死引起肠胃疾病的细菌病毒很有效，能清除肠胃有毒物质，刺激胃肠黏膜，促进食欲，加速消化。这道香蒜胡萝卜既有预防肠胃疾病、排毒清肠的作用，还能促进代谢，护肝抗衰老。

厨房妙招

在处理蒜的时候，最好不要用压蒜器，不然下锅后容易炒糊，还会影响口味。蒜苗在快起锅的时候再放比较好，炒久了蒜苗就不香了。另外，用长得比较小的黄心胡萝卜做这道菜口感会更好一些。

麻辣豆腐煨胡萝卜

原材料

豆腐200克，胡萝卜1根，葱2根。

调味料

花椒粒、豆豉、甜面酱、水淀粉各1小匙，盐、白糖、植物油各适量。

做法

1. 豆腐洗净，切成1厘米厚的块；胡萝卜洗净，切成滚刀块；葱洗净，切成末。

2. 锅内放入少许油烧热，放入花椒，中火煸至出香味，剔除花椒，加入适量油烧热，放入胡萝卜，翻炒片刻，放入豆腐块，炒匀，加入适量清水，加盖炖至胡萝卜熟软。

3. 调入豆豉、甜面酱、盐，翻炒至汤汁将收干，放入糖，用水淀粉勾芡，出锅前撒上葱末即可。

功效　豆腐里没有胆固醇，与胡萝卜一起做菜，防治高血压、高血脂、高胆固醇以及动脉粥样硬化的效果更加突出。另外，豆腐与胡萝卜一起吃还可以避免消化不良，这道菜经常吃对美容抗衰有好处。

厨房妙招　炖胡萝卜和豆腐的时候，如果对加入多少水不太清楚也不怕，有一个小诀窍，那就是让水没过胡萝卜和豆腐一点就可以了。白糖可以根据自己的口味放，如果不喜甜，不放也不会影响菜的效果，但是最好放甜面酱，可以让口感变得更好。

胡萝卜烧牛腩

🥄 原材料
牛腩500克，胡萝卜250克，西红柿1个。

🥄 调味料
酱油2大匙，豆瓣酱、番茄酱、白糖、料酒各1大匙，甜面酱半大匙，盐、植物油各适量。

🥄 做法

1. 将牛腩洗净，放入开水中煮5分钟，取出冲净。另起锅加清水烧开，将牛腩放进去煮20分钟，取出切厚块，留汤备用。

2. 将胡萝卜、西红柿洗净，切滚刀块。

3. 锅内加入植物油烧热，放入豆瓣酱、番茄酱、甜面酱爆香，倒入牛腩爆炒片刻，加入牛腩汤、白糖、酱油、盐、料酒，先用大火烧开，再用小火煮30分钟左右。

4. 加入胡萝卜、西红柿煮熟即可。

功效 牛腩补中益气，滋养脾胃，搭配富含维生素A的胡萝卜，可以帮助身体补充全面而均衡的营养，滋养好气色。

厨房妙招 新鲜牛肉有光泽，红色均匀稍暗，脂肪为洁白或淡黄色，外表微干或有风干膜，不粘手，弹性好，有鲜肉味。

蔬菜·海带

海带被广泛应用于医药、食品和化工的碘和褐藻酸就是从海带中提炼出来的。海带对人体健康有很多好处，是理想的排毒养颜食物，有"长寿菜"、海上之蔬、"含碘冠军"的美誉。

海带营养

海带富含藻胶酸、昆布素、甘露醇、蛋白质、海带氨酸、脂肪、糖类、粗纤维、胡萝卜素、维生素A、维生素B_1、维生素B_2、维生素C等多种成分。

海带是地球上的动植物中有机物和无机物含量最多的一种海草，它所含有的无机物和有机物至少有80种，是一座真正的"矿物质的宝库"。

瘦身养颜关键词

利尿消肿

海带含有甘露醇，甘露醇具有良好的利尿作用，可以帮助消除水肿，治疗药物中毒和浮肿。

排毒促便

海带中含有大量的藻酸和粗纤维，藻酸是一种黏稠的纤维质，能够吸附体内的重金属、农药残余物、致癌物质、宿便等，并把它们迅速排出体外，粗纤维能及时清除肠道内的废物和毒素，因此海带能防治便秘，及时帮助人体排毒促便。

降胆固醇

海带中的碘含量丰富，人体吸收碘后可以降低胆固醇的含量，有降血压、防止动脉硬化的作用。海带中还含有一种叫硫酸多糖的物质，能够吸收血管中的胆固醇并排出体外，使血液中的胆固醇含量维持正常。

防止体质酸性化

海带是优良的碱性食品，和肉类、米饭等酸性食物一起吃，对防止体质酸性化特别有益，能净化血液，预防酸毒。

防衰老

海带中富含的碘有助于分泌甲状腺激素，促进新陈代谢，增加体内的血细胞、血色素和血清蛋白质，抑制细胞老化，改善血液循环，使皮肤变得细腻而有弹性，缓解皮肤老化，对淡化太阳晒伤或因紫外线照射而生成的斑特别有效。

● TIPS

1. 吃海带前一定要浸泡一段时间，干海带中含有砷，砷和砷的化合物都能溶解在水中，用水浸泡后，海带中砷的含量会少很多，对人体健康有好处。浸泡海带可以多放一些水或者是中途换两次水，差不多6个小时就可以，泡太久营养物质也会流失掉。

2. 吃海带前后最好不喝茶或者不吃酸涩的水果，因为茶中的鞣酸和水果中的植物酸会阻碍海带中的铁的吸收。

3. 有甲亢症状的人不要吃海带，海带中大量的碘会使病情加重，另外孕期的女性也不能多吃，海带中的碘随着血液循环进入胎儿体内会影响胎儿甲状腺的功能。

4. 干制的海带表面有一层白霜，那是植物碱经过风化形成的一种叫做甘露醇的物质，是一种略带甜味的白色粉末，不仅对人体没有害处，还有排毒消肿的作用。

椒香海带丝

🖐 原材料

海带30克，青椒1个，红椒1个，蒜3瓣。

🖐 调味料

醋1大匙，酱油1小匙，盐、白糖、香油各适量。

🖐 做法

1. 海带洗净，用清水泡发，捞出切成细丝；青椒去蒂，去籽，洗净，切成细丝；红椒去蒂，去籽，洗净，切成细丝；蒜去皮，洗净，用压蒜器压碎成蒜茸。

2. 青椒丝和红椒丝用清水浸泡至自然弯曲，捞出，控净水备用。

3. 锅内放入适量清水，大火烧开，放入海带丝，焯至海带熟，捞出过冷水，至冷却，捞出控净水。

4. 取一个碟，放入海带丝、青红椒丝、蒜茸，调入盐、白糖、醋、酱油和适量香油，搅拌均匀即可。

功效 辣椒强烈的香辣味能刺激唾液和胃液的分泌，促进肠道蠕动，帮助消化和排便，还能促进脂肪的新陈代谢，防止体内脂肪积存，有利于降脂减肥。这道椒香海带丝排毒和消脂效果特别好，很适合瘦身。

厨房妙招 如果菜中维生素C含量比较丰富的话，尽量不要用铜制的容器来装，不然不耐热的维生素C会损失得更加严重。

芝麻杂菜海带丝

功效　这道凉拌小菜的排毒功效是十分不错的，还能滋养肌肤，补充人体所需的微量元素，清除酸毒，具有很好的预防疾病和美容减脂的作用。

厨房妙招　这道菜的材料特别多，如果一时之间材料不够也可以酌情增减，对味道不会有很大的影响。另外，也可以直接买现成的海带丝，洗净后可以直接煮。

原材料

海带15克，胡萝卜1根，圆白菜半个，腐竹20克，粉丝10克，红椒1个，香菜2根，熟芝麻2小匙。

调味料

醋1大匙，酱油1大匙，盐、白糖、鸡精、香油各适量。

做法

1. 海带洗净，用清水泡发，捞出，切成细丝；胡萝卜洗净，切成丝；圆白菜择洗干净，切成丝；腐竹洗净，切成丝；红椒去蒂，去籽，洗净，切圈；香菜洗净，切碎。

2. 锅内放入适量清水，烧开，分别将海带丝、胡萝卜丝、圆白菜丝、腐竹丝、粉丝放入开水中焯至熟软后捞出；将粉丝过冷水，剪成段。

3. 取一个料理盆，放入焯好的材料和红椒圈、香菜碎、熟芝麻，调入醋、白糖、酱油、盐、鸡精和适量香油，搅拌均匀，静置，待混合入味即可。

海带萝卜汤

 原材料

　　萝卜300克，海带100克，鸡肉适量。

 调味料

　　盐、胡椒粉、醋各少许。

做法

1. 将萝卜削皮切成小块；海带洗净，切成细片；鸡肉洗净，入沸水锅中余烫后取出，切丝。

2. 将萝卜、海带一同放入锅中，加适量清水，煮成汤，在汤中加少许盐、醋，再加鸡肉丝、胡椒粉即可。

功效　海带排毒瘦身功效显著，萝卜含有丰富的维生素C，维生素C有助于美白肌肤，这是一款家常养颜瘦身汤。

厨房妙招　这里的萝卜可以选用胡萝卜，胡萝卜可以去除腥味，添加甜度。

芝麻海带

🖐 **原材料**

海带40克，芝麻2小匙。

🖐 **调味料**

料酒1大匙，酱油2大匙，盐、白糖、香油各适量。

🖐 **做法**

1. 海带洗净，用清水泡发，捞出，切成粗丝；芝麻洗净，控净水备用。

2. 干锅烧热，放入芝麻，炒香，盛出晾凉。

3. 锅内加适量清水，放入海带，煮沸，加入调味料，煮至汤汁收干，撒上熟芝麻和适量香油即可。

功效 芝麻能改善血液循环，促进新陈代谢，降低血液中的胆固醇含量；海带中含有丰富的碘和钙，能净化血液，促进甲状腺素的合成。芝麻海带这道菜具有很好的降低胆固醇的效果，对于消除酸毒也有很好的作用，还能促进排毒和促便，同时还很适合作为夏天的美容抗衰菜。

厨房妙招 煮海带的时候，往水中加入一些醋，这样海带熟得会快一些。颜色比较绿的海带比较嫩，煮的时间可以稍微短一点。

西红柿醋拌嫩海带

 原材料

西红柿2个，海带（干嫩）15克。

 调味料

醋1大匙，酱油1小匙，白糖、鸡精
各适量。

 做法

1. 西红柿洗净，去皮，去籽，切成
1厘米长的丁；海带洗净，用清水泡
发，捞出，切成5厘米长的段。

2. 锅内放入适量清水，烧开，将
海带段放入，至海带熟，捞出控净
水。

3. 将所有的调味料混合，搅拌均
匀，放入西红柿丁和海带段，拌匀
即可。

功效 西红柿清除人体自由基的作用特别强，这道西红柿拌海带能促使细胞的生
长和再生，具有特别好的延缓衰老的效果，也是排毒瘦身的好选择。

**厨房
妙招** 西红柿去皮有一些窍门，可以先将西红柿底部划上十字，放入开水中焯
一下，再剥皮就容易了。另外海带不能焯太久，不然营养物质会很容易
流失掉。

蔬菜·苦瓜

因为苦瓜有一种特殊的苦味，所以得名为"苦瓜"，也有人觉得苦瓜叫起来不那么好听，所以改叫"凉瓜"。

苦瓜虽苦，它却从不会把苦味传给"别人"，就是说苦瓜和别的食物一起做菜，别的食物是绝对不会因苦瓜而变苦的，所以苦瓜又有"君子菜"的雅称。

苦瓜营养

苦瓜果实中含有各种营养物质，包括蛋白质、脂肪、糖类、纤维素、胡萝卜素、维生素B$_1$、维生素B$_2$、维生素C、各种矿物质等。

苦瓜是含维生素C特别丰富的蔬菜之一，经常吃苦瓜，除了能美白肌肤，对防治青春痘也有很大的好处。

瘦身养颜关键词

解毒通便

苦瓜中含有比较丰富的纤维素，能够促进肠胃蠕动，进而帮助清除肠道内的废物和毒素，可以预防便秘和一些因肠道毒素而带来的疾病。苦味食品一般都具有解毒功能。苦瓜中含有一种能增加免疫细胞活性的蛋白质，可以清除体内的有毒物质。

防止脂质沉积和淤血

苦瓜里的维生素C含量很丰富，另外还含有各种矿物质，可以保护细胞膜，能降血压和血脂，具有保护心脏和养血的作用，能预防坏血病，防止动脉粥样硬化，还具有活血的作用，能防止淤血沉积，促进血液循环，女性多吃苦瓜可以利经。

消脂抗癌

苦瓜中的苦瓜素能消除过量的脂肪，真正是"脂肪杀手"。苦瓜中还含有一种减肥特效成分——高能清脂素，这种成分对维持苗条身材有特别神奇的效果。另外，苦瓜也是一种有抗癌作用的食物。

• TIPS

1. 用苦瓜来炒菜之前，要将苦瓜放在沸水中焯一下，因为苦瓜中含有草酸，不利于钙吸收，用沸水焯可以除去草酸，避免苦瓜影响人体对钙的吸收。

2. 如果身体吸收铁质不是很好，可以用苦瓜加上鸡蛋一起做菜，对保护牙齿和骨骼以及血管很有好处。

3. 夏天吃苦瓜对消暑特别好，但是也不能吃太多，体质寒凉的人更要注意，因为它是寒性食物，吃多了会容易胃寒，从而伤到肠胃。

苦瓜排骨汤

原材料

苦瓜200克，排骨400克，泡发黄豆50克，蜜枣5克。

调味料

姜2片，盐5克。

做法

1. 苦瓜洗净，对半剖开，去瓤和籽，切成3厘米长、1厘米宽的块状。

2. 将排骨砍成块状，放入滚水中氽烫5分钟，捞出清洗干净。

3. 将黄豆、蜜枣、苦瓜、排骨、姜片一起放入盛有水的砂锅里，大火煮开，转小火慢炖2小时。之后加盐调味，继续炖15分钟即可。

功效

这道菜不仅营养丰富，还能帮助减少肠道对脂肪的吸收，对抑制毒素和瘦身具有很好的效果。

厨房妙招

将1根苦瓜洗净，放入冰箱中冷冻片刻，用榨汁机磨成泥状，视情况加入适量纯净水，充分搅拌，调和均匀成稀薄适中、易于敷用的糊状，然后均匀地涂抹在面部，15分钟后洗净。每周1~2次，可帮助消除面部多余的脂肪，瘦脸美肤。

苦瓜炒虾仁

👍 **原材料**

苦瓜1根，虾仁300克，红柿子椒1个，姜1片，蒜2瓣。

👍 **调味料**

绍酒、水淀粉各1大匙，盐、植物油各适量。

👍 **做法**

1. 虾仁去虾线，洗净；苦瓜去蒂，去瓤，洗净，切成5厘米长、1厘米厚的条；红柿子椒去蒂，去籽，切成与苦瓜一样大的条；姜洗净；蒜去皮，洗净，切成末。

2. 苦瓜条放入沸水中焯3分钟，捞出过冷水，控净水。

3. 锅内放入适量植物油，烧至五成热，放入蒜末和姜片，中火爆至出香味，放入虾仁，迅速翻炒至熟。

4. 放入苦瓜条和红柿子椒条，调入盐、绍酒，翻炒片刻，用水淀粉勾薄芡，至汤汁略稠即可。

功效 这道苦瓜炒虾仁对降低胆固醇，防止动脉粥样硬化有很好的作用，还能预防高血压，同时这道菜脂肪含量很低，是瘦身的良菜。

厨房妙招 焯苦瓜以后过冷水时，动作可要迅速一些，趁热将苦瓜的苦味融入冷水中，这样味道会不那么苦；炒虾仁时不能炒得太久，不然口感会变得很干很硬，炒的时候看见虾仁变色就可以了。

苦瓜炒腊肉

原材料

苦瓜1根，腊肉50克，红辣椒3个，姜1片，蒜2瓣。

调味料

高汤1碗，料酒1大匙，水淀粉1小匙，盐、鸡精、胡椒粉、植物油各适量。

做法

1. 苦瓜去蒂，洗净，去瓤，切成薄片；腊肉切成薄片；姜洗净，切成丝；蒜去皮，洗净，切成末；红辣椒去蒂，去籽，切成丁。

2. 锅内放入适量植物油，烧热，放入姜丝、蒜末、红辣椒丁，炒至出香味，投入腊肉薄片，翻炒至腊肉熟。

3. 加入料酒，加入苦瓜薄片，翻炒片刻，调入胡椒粉、盐、鸡精及适量高汤，炒至只剩少许汤汁，用水淀粉勾芡即可。

功效　腊肉是酸性和热性的食物，与苦瓜一起烹调，可以使得腊肉带来的酸性毒素得到抑制，对身体健康有好处。这道菜具有调节体内水分代谢的作用，有十分好的排毒作用。

厨房妙招　如果时间比较充裕，最好是可以将腊肉提前蒸熟，这样烹调起来就方便省时多了，还能使腊肉更容易入味。这道菜放盐量可以稍微少一点，或者不放也可以，不然很容易咸，因为腊肉本身含盐就比较多。

苦瓜豆腐汤

功效 苦瓜和豆腐一起吃有健胃的作用，这道菜对促进肠胃蠕动，促进排便很有帮助，对保护血管和活化血液也有作用，同时也有排毒的功效。

厨房妙招 将苦瓜切片以后放在冰水中浸泡一段时间再拿出来，这样苦味就能减少一些。

原材料

苦瓜1个，豆腐400克。

调味料

料酒、水淀粉各1小匙，酱油1大匙，盐、鸡精、香油、植物油各适量。

做法

1. 苦瓜对半剖开，去瓤，洗净，切成片；豆腐洗净，切成块。

2. 锅内放入适量植物油，烧热，待略为降温，加入苦瓜片翻炒片刻，注入适量沸水，倒入豆腐块。

3. 调入料酒、酱油、盐、鸡精，煮沸，用水淀粉勾芡，淋上香油即可。

尖椒炒苦瓜

 原材料

苦瓜2根，尖椒2个，蒜3瓣。

 调味料

豆豉、豆豉辣酱各1大匙，白胡椒粉1小匙，白糖、鸡精、植物油各适量。

做法

1. 苦瓜去蒂，去瓤，洗净，切成薄片；尖椒去蒂，去籽，洗净，切成丝；蒜去皮，洗净，切成薄片；豆豉用刀背压散。

2. 锅内放入适量植物油，烧热，放入苦瓜薄片和尖椒丝，爆至表面水汽干，苦瓜表皮微微发皱，盛出。

3. 锅中留少许底油，烧热，放入蒜片，爆至出香味，放入煸好的苦瓜、尖椒、豆豉、豆豉辣酱，翻炒均匀，调入白糖、鸡精、白胡椒粉，炒匀即可。

功效　尖椒可以防止冠状动脉硬化，降低胆固醇，这道苦瓜与尖椒同炒的菜不但对预防心血管疾病很有帮助，还能促进血液循环，同时这道菜还具有十分好的瘦身效果。

厨房妙招　炒苦瓜片的时候，爆炒时间不能太久，不然会使苦味更浓，影响口感。

蔬菜·洋葱

洋葱又叫葱头，具有浓烈的辛辣香气，和大蒜一样，洋葱对人体健康也很有好处，但是很多人会被它特有的辛辣香气给"吓退"，实际上洋葱营养价值非常高。

洋葱营养

洋葱头中富含蛋白质、碳水化合物、粗纤维、维生素C、维生素A、胡萝卜素，还含有多种氨基酸。

洋葱的挥发油中富含蒜素、硫醇、三硫化物等。

洋葱的致泪成分是环蒜氨酸。

瘦身养颜关键词

防癌抗衰老

洋葱所含的微量元素硒是一种很强的抗氧化剂，具有消除体内自由基的作用，从而增强细胞的活力和代谢能力。洋葱中还含有一种天然抗癌物质，能控制癌细胞的生长，具有防癌抗癌的作用。

护肝促消化

洋葱含有丰富的膳食纤维，能促进肠胃蠕动，加强消化能力，促进宿便的排出，还含有丰富的硫，硫特别容易结合蛋白质，能够排出体内的农药等有害物质，因而对肝脏很有好处，有助于排毒。

消除水毒

洋葱中含有比较丰富的钙、钠、钾等矿物质，可以调节体内的水液代谢，对预防和消除因水毒而带来的病症有很好的辅助作用。

减少脂质沉积

洋葱几乎不含脂肪，而在其挥发油中有含硫化合物的混合物，可以降低胆固醇。洋葱还能扩张血管，降低血液黏度，具有降血压、预防血栓形成的作用。另外，洋葱对预防脂质沉积作用很大。

● TIPS

1. 感冒和鼻塞时，多吃点洋葱，可以缓解一下症状。

2. 如果比较喜欢吃洋葱，可以早餐吃一点醋泡洋葱，只需要将洋葱剥皮洗净后加热，用醋泡着吃就可以啦，坚持吃能使肌肤洁净，减少老年斑，延迟皮肤老化。

3. 一次吃洋葱不能太过，因为它很容易产生挥发性气体，在腹内产生胀气，会给人带来尴尬和不快。

4. 切洋葱时特别容易刺激眼睛，把洋葱和菜刀先放在冷水里浸泡一下，这样切的时候就不会流眼泪了，将洋葱放在冰箱里冷冻一会儿效果也很好。

洋葱炒牛肉

原材料
洋葱、西红柿各1个，牛肉100克。

调味料
酱油1小匙，料酒1大匙，盐、鸡精、植物油各适量。

做法
1. 西红柿洗净切块；洋葱去皮，去除根须，洗净，切块；牛肉洗净，切成薄片。
2. 锅内放入适量植物油，烧热，放入洋葱，煸炒至熟。
3. 加入西红柿和牛肉片，倒入料酒和酱油，翻炒至出香味，调入盐、鸡精，拌匀即可。

功效 洋葱含有丰富的膳食纤维，可以很好地刺激肠道蠕动，从而促进排便，西红柿和洋葱配合牛肉做出来的这道菜不仅营养丰富，还能消除牛肉中的多余脂肪，有助于瘦身。

厨房妙招 切牛肉最好是横着切成薄片，不然牛肉会硬而嚼不烂，炒的时候加一点山楂或橘皮，可以使牛肉容易煮烂一些。

胡萝卜丝炒洋葱

 原材料

胡萝卜1根，洋葱半个。

调味料

酱油1小匙，盐3克，植物油适量。

做法

1. 胡萝卜洗净，切成丝；洋葱洗净，切成丝。

2. 锅内放入适量植物油，烧热，放入一半洋葱丝，爆炒至飘香，放入另一半洋葱丝和胡萝卜丝。

3. 调中火，将胡萝卜炒熟，调入酱油、盐，继续炒1分钟即可出锅。

功效
这道菜能够有效地降低血脂，疏通血管，减少血液中的恶性胆固醇，增加良性胆固醇，防止动脉硬化，还有助于清除体内多余的盐分，维持水分代谢的平衡，并且这道菜低脂肪低热量的特点还很利于减肥。

厨房妙招
炒胡萝卜最好不去皮，这样这道菜口感才不会受到太大的影响，且能保留最多的胡萝卜素。

三色洋葱丝

厨房妙招

用来拌这道菜的醋，可以事先用蒜泡一泡，这样味道会更加好，如果没有时间泡，那么在拌菜的时候加入一点蒜末效果也会不错。

功效

这道三色洋葱丝聚集了三种不同颜色的蔬菜，很好地保留了蔬菜的营养价值，并且富含粗纤维，可以有效地刺激肠道蠕动，加速排出宿便，对于降低血脂和减少脂质沉积也有很好的效果。

原材料

洋葱1个，紫甘蓝20克，韭菜10克。

调味料

醋3大匙，盐、白糖、香油各适量。

做法

1. 洋葱去皮，去除根须，洗净，切成丝；紫甘蓝去老叶，去根，洗净，切成丝；韭菜洗净，切成段，用清水浸泡10分钟，捞出控净水。

2. 取一个空容器，加入所有处理好的材料，放入调味料，搅拌均匀。

3. 加盖，放入冰箱冷藏1小时，至入味，装盘，淋上适量香油即可。

洋葱烩鸡肉

 原材料

洋葱1个，鸡腿肉400克，青椒2个，香菜5根，姜2片，蒜1瓣。

 调味料

咖喱1小匙，盐3克，胡椒粉少许、植物油适量。

做法

1. 洋葱去皮，洗净，切丝；鸡腿肉洗净，切块；青椒去蒂，去籽，洗净，切粒；香菜择洗干净，切段；姜切末；蒜去衣，切末。

2. 锅内放入适量植物油烧热，放入洋葱丝、青椒粒、姜末、蒜末，大火爆香，放入鸡腿肉块，炒至半熟。

3. 加入调味料、香菜段，略为翻炒，加入少许清水，换小火煮至汤汁收干即可。

功效 青椒和洋葱都含有丰富的粗纤维，对排毒通便很有帮助，并且具有美容抗衰老的作用，与鸡肉一起炒还能帮助消减鸡肉带来的多余脂肪和胆固醇，对预防高血脂和心血管疾病都有好处。

厨房妙招 洋葱不宜加热过久，加些咖喱可使成菜味道微辣，风味更佳。

怪味洋葱丝

原材料

洋葱1个。

调味料

酱油、醋各3大匙，五香粉1小匙，油辣椒、盐、鸡精各适量。

做法

1. 洋葱剥皮，除去根须，洗净，切成丝。

2. 锅内放入适量清水，烧开，放入洋葱丝，焯约1分钟，捞出控净水，趁热装盘。

3. 放入所有调味料，搅拌均匀即可。

功效

这道怪味洋葱丝具备洋葱所有的优点，加上醋以后美容防衰的作用更加突出，具有很好的祛斑洁肤的功效，降低血脂和胆固醇的效果也不错。洋葱里几乎不含脂肪，它还能帮助抑制脂肪的吸收，促进毒素排出，因此还有助于瘦身。

厨房妙招

可以根据自己的喜好做一道具有自己风格的怪味洋葱丝，例如不爱吃辣的话，那就不放油辣椒；钟爱醋的味道，多放点醋没问题。另外，洋葱焯烫以后尽量趁热拌入调味料，这样可以使洋葱更加入味，更能体现你的风格。

蔬菜 · 莲藕

莲藕微甜带点脆，生吃和用来做菜都很不错，而且药用价值也相当高，它的根、叶、花、须、果实都可以入药，全身都是宝，清咸丰年间，莲藕就被钦定为御膳贡品了。

莲藕营养

莲藕含有天冬碱、蛋白氨基酸、葫芦巴碱、干酪基酸、蔗糖、葡萄糖等多种营养素。

鲜藕含有20％的糖类物质和丰富的钙、磷、铁及多种维生素。

莲藕中的黏液主要由黏蛋白组成，还含有卵磷脂、维生素C、维生素B_{12}等。

瘦身养颜关键词

利尿

莲藕中含有丰富的矿物质，能够维持水分代谢的平衡，排出体内过多的水分，从而促进体内废物快速排出，并可以净化血液。

通便降胆固醇

莲藕中含有大量黏液蛋白和膳食纤维，能刺激肠胃蠕动，促进排便，并且它们还能与人体内的胆酸盐以及食物中的胆固醇及甘油三酯结合，随着粪便一起排出，从而减少对脂类的吸收，能降低胆固醇含量，防止动脉硬化。

益血散瘀

莲藕富含铁、钙等矿物质，还含有植物蛋白、维生素以及淀粉等，有明显的补益气血、增强人体免疫力的作用，还含有大量的单宁酸，有收缩血管的作用，可用来止血，还具有凉血作用，散血而不留瘀，对防治血瘀效果很好。

TIPS

1. 如果莲藕切过，可以在切口处覆盖保鲜膜，这样能够冷藏一个星期左右。一般来说，完整的莲藕也可以在室温下保存一个星期。

2. 煮莲藕最好不要用铁质的器具，莲藕在空气中容易发黑，如果用铁质的器具煮，会使得莲藕更容易发黑。

3. 买莲藕也有一些小技巧，最好是挑身形比较大、节小一些并且闻起来带有清香的，这样的莲藕肉质脆嫩，水分多而甜。同时，那些有伤痕和溃烂变色现象、断节以及干缩了的最好不要买。

4. 莲藕生吃也有一个好法子，那就是流行的榨汁，将莲藕榨打成汁，根据自己的口味加蜂蜜调味，然后直接喝，要是不喜欢冰凉的感觉也可以加温，再加一点糖，趁温热喝。

5. 新鲜的莲藕既可以单独用来做菜，也可以做其他菜的配料，如藕肉丸子、藕香肠、虾茸藕饺、炸脆藕丝、油炸藕蟹、煨炖藕汤、鲜藕炖排骨、凉拌藕片等，都是佐酒下饭的好选择，也是脍炙人口的家常菜肴。

醋熘藕片

功效 这道醋熘藕片不仅具有美容抗衰老的功效，还能帮助维持体内水分代谢的平衡，夏季吃藕更能开胃清热。

厨房妙招 藕片焯水后再炒，能够使得口感更加爽脆，要注意的是焯过水的藕片在炒的时候时间不能太长，不然爽脆感就大打折扣啦，另外还要提醒的是，焯水的时间太长也会影响口感呢。

原材料
莲藕300克，蒜2瓣。

调味料
醋1大匙，盐、鸡精、植物油各适量。

做法

1. 莲藕去蒂，去皮，洗净，切成薄片，用清水浸泡待用；蒜去皮，洗净，切成末。

2. 锅内放入适量清水，烧开，捞出藕片倒入，焯2分钟，捞出放入冷水中浸泡。

3. 另置一锅，锅内放入植物油，烧热，放入蒜末，爆香后放入捞出控净水的藕片，翻炒片刻，调入醋、盐、鸡精，炒匀即可。

泡椒莲藕

 原材料

莲藕300克，葱4根，姜2片，蒜2瓣。

 调味料

泡椒20个，花椒少量，盐、白糖、鸡精各适量。

做法

1. 莲藕去泥，去蒂，去皮，洗净，切成丁；葱洗净，切成段；姜洗净；蒜去皮，洗净，切成片。

2. 取一个空碗，放入泡椒和盐、白糖、鸡精，搅拌均匀。

3. 锅内放入适量清水，烧开，倒入藕丁煮沸，继续煮5分钟，捞出控净水，晾凉。

4. 将煮好的藕丁放入泡椒碗中，放入葱、姜、蒜和花椒，搅拌均匀，加入适量清水，放入冰箱冷藏，第二天取出，去除花椒、葱、姜、蒜即可。

功效 泡椒可以帮助消化与吸收，这道泡椒莲藕具有排毒散瘀血的功效，还能够减少脂肪的吸收，促进排毒。

厨房妙招 用泡椒腌渍藕丁的时候需要加一些清水，如果不确定放多少水比较合适的话，告诉大家一个屡试不爽的绝招，那就是没过主要材料就好。

五彩藕丝

原材料

莲藕250克，水发木耳25克，青椒2个，红椒2个，姜2片。

调味料

盐、白糖、鸡精、醋、花椒油、植物油各适量。

做法

1. 莲藕去蒂，去皮，洗净，切成4厘米长的丝，用清水浸泡待用；水发木耳去蒂，洗净，切成丝；青、红椒去蒂，去籽，切成丝；姜洗净，切成细丝。

2. 锅内放入适量清水，烧开，捞出藕丝倒入，焯2分钟，捞出过凉水；木耳丝倒入沸水中焯一下，捞出与藕丝一起过凉水，捞出藕丝和木耳丝，控净水，装碗。

3. 另置一锅，放入适量植物油，烧热，放入姜丝、青椒、红椒，炒至出香味，倒入藕丝、木耳丝，翻炒片刻。

4. 调入盐、鸡精、白糖、醋、花椒油，炒匀即可。

功效 木耳中的胶质对清除肠内废物特别有好处，青椒和红椒对延缓衰老益处多多，这道爽口的五彩藕丝具备了排毒、养颜和瘦身的功效。

厨房妙招 莲藕眼里如果有太多泥沙，清洗的时候会比较困难，所以买莲藕时尽量选择两端没有被破坏的完整的莲藕，这样藕眼里就不会有泥沙了。

炝炒藕丝

1 2 3
4 5 6

🫑 **原材料**

莲藕1节，芹菜100克，辣椒
适量。

🫑 **调味料**

姜、葱、米醋、盐、糖、植物油各
适量。

👐 **做法**

1. 藕洗净去皮切丝，小香芹洗净切小寸段，干辣椒2~3个洗净斜刀切成长丝，葱、姜切丝备用。

2. 起锅，倒入适量油，放入切好的辣椒，稍微一炝至辣椒变鲜红但不变深色。

3. 辣椒变鲜红后即刻放入切好的葱、姜丝稍微煸炒，然后迅速下入藕丝翻炒。

4. 加入米醋，少许水，适量盐、糖，炒匀后放入芹菜，翻炒几下即可出锅。

功效 这道炝炒藕丝清香可口，酸辣十足，充足的膳食纤维可以刺激肠胃蠕动，带出肠道内积存的废物和毒素，还能帮助清除血液中过多的胆固醇，对预防动脉硬化和高血脂也有良好的作用，是一道容易上手的瘦身健康菜。

厨房妙招 藕从中间一切两段后将藕立起，空腔朝上，如劈柴般先切片、再切丝，更为安全且可使丝粗细、长度均匀。

莲藕炖排骨

功效 莲藕中含有黏液蛋白和膳食纤维，能与人体内的胆酸盐、食物中的胆固醇及甘油三酯结合，从而减少脂类的吸收，利于减肥。

厨房妙招 藕丁切好后，如果不能立即下锅最好用清水浸泡着，等用的时候再捞出来，切开的藕丁放在空气中很容易被氧化而变黑，影响外观，用水泡着就可以阻止氧化。

原材料

莲藕200克，排骨150克，红枣10颗，姜2片。

调味料

清汤适量，盐1小匙，白糖少许。

做法

1. 将莲藕洗净，削去皮，切成大块备用；排骨剁成小块备用；红枣洗净备用。

2. 锅置火上，加入适量清水，烧开，放入排骨，用中火将血水煮尽，捞出来沥干水备用。

3. 将莲藕、排骨、红枣、生姜一起放进砂锅，调入盐、白糖，注入清汤，小火炖2小时即可。

水果·樱桃

樱桃成熟期早，有"早春第一果"的美誉，成熟时颜色鲜红，玲珑剔透，味美形娇，营养丰富，食疗保健价值颇高。

樱桃营养

樱桃中含有丰富的维生素A，在水果家族中，一般铁的含量都较低，樱桃却卓尔不群，一枝独秀。

另外，樱桃中还含有蛋白质、糖、碳水化合物、粗纤维、B族维生素、维生素C、胡萝卜素、硫胺、核黄素、尼可酸、抗坏血酸、钙、磷、钾、钠、镁等。

瘦身养颜关键词

养血清毒

樱桃的含铁量高，可以促进血红蛋白再生，同时可以清洁血液里的杂质和废物，从而保证充足的血液能量和血液健康。经期的女性吃些樱桃，不仅能补充流失的血液，还能缓解痛经带来的各种不适。

排毒护肤

樱桃能有效祛除不洁体液，对护肤养颜具有重要的作用，有利于清理体内垃圾，而且樱桃本身营养丰富，含蛋白质、糖、磷、胡萝卜素、维生素C等，美容功效很好，有助于保持面部皮肤嫩白红润，祛皱清斑。

祛毒抗炎

樱桃中含有花色素、花青素等，这些物质可促进血液循环，预防有害酵素破坏胶原蛋白，从而提高抗炎能力。

消除口腔毒素

樱桃中含有的红色素具有抗氧化的作用，因此对消除口腔中的有害病菌有很大帮助，有利于清洁口腔。

● TIPS

1. 如果有肾病，别吃太多樱桃，因为樱桃含钾量高，一旦肾脏调节水分和电解质的功能丧失，排钾就会发生困难，出现高血钾，导致慢性肾病。另外，樱桃一次不能吃太多，不然很容易上火，导致牙痛、大便干燥、流鼻血等。

2. 买樱桃时应尽量选择有果蒂、色泽鲜艳、表皮饱满的，买回来以后最好尽快吃掉。

3. 经常对着电脑的人可以适当吃一些樱桃，樱桃含维生素A十分丰富，能缓解一些不适症状。

4. 不可吃樱桃仁，樱桃仁含氰甙，水解会产生氢氰酸，如果不小心吃了的话，可能会中毒。

拔丝樱桃

 原材料

樱桃300克。

 调味料

红绿丝4克，面粉2大匙，香精1小匙，白糖、植物油各适量。

做法

1. 樱桃洗净，去蒂，控净水，裹一层面粉，洒上一点清水，再滚上一层面粉，筛去面粉渣。

2. 锅内放入适量植物油，烧热，下入裹上面粉的樱桃，炸至呈金黄色，捞出控净油。

3. 另置一锅，放入适量植物油，烧热，放入白糖，用急火炒至出丝，倒入炸好的樱桃，撒上红绿丝，滴入香精，翻炒片刻，盛入涂了油的盘内即可。

功效 这道拔丝樱桃打破了单吃樱桃的单调感，对防皱抗衰老有好处，能够促进血液循环，有养颜的功效。

厨房妙招 拔丝的糖熬得好不好，关键在于火候的把握，糖炒老了口味会变苦，炒嫩了又粘不住原料，还不出丝，以糖粒炒化后由稠变稀，气泡由大变小，颜色呈深黄色为最好。

龙眼樱桃映白雪

🍎 **原材料**

龙眼50克，樱桃50克，鸡蛋4个。

🫑 **调味料**

盐、鸡精、植物油各适量。

👆 **做法**

1. 龙眼去皮取肉，剖开成两半；樱桃洗净，去蒂。

2. 鸡蛋磕一个小孔，将蛋清倒入空碗中，加入龙眼肉、樱桃和盐，搅拌至蛋清呈起泡状。

3. 锅内放适量植物油，烧热，放入蛋清混合液，爆炒3分钟，调入鸡精即可。

功效

这道龙眼樱桃映白雪具有很好的补血养血功效，能够保持皮肤红润有光泽，还能帮助保持体液的平衡，利尿排毒。

厨房妙招

买龙眼的时候还要注意龙眼与疯人果的差别，疯人果有毒，相对来说，龙眼有鳞斑状外壳，果肉不黏手，外壳易剥离。

樱桃沙拉

 原材料

樱桃200克，苹果1个，雪梨1个。

 调味料

酸奶适量。

做法

1. 樱桃洗净，去蒂；苹果、雪梨分别洗净去皮后切小块。

2. 将所有材料放在一个大碗中，拌入少量酸奶即可。

功效　这道美食颜色丰富诱人，低脂肪，可以促进血液循环，能够利尿消肿，还有降血压和降血脂的功效，另外对排便也有十分好的促进作用，有利于排毒瘦身。

厨房妙招　没有酸奶放沙拉酱或者苹果醋也行，味道也很好。

银耳樱桃桂花羹

原材料

银耳50克，樱桃30克，桂花适量。

调味料

冰糖适量。

做法

1. 银耳用温水浸泡至软化，去蒂，洗净；樱桃洗净，去蒂；桂花洗净。
2. 锅内放入适量清水，烧开，放入冰糖，溶化后加入银耳，煮10分钟。
3. 放入樱桃、桂花，煮沸即可。

功效

这道银耳樱桃桂花羹有补气养血、白嫩肌肤、美容养颜的功效。银耳里的胶质也具有清肠的作用，能够帮助有效排出肠道中的废物和毒素，有助于排便和消脂。

厨房妙招

银耳最好用温水或者开水泡发，泡发后要注意去除那些淡黄色的东西，干银耳选偏黄一些的口感较好。另外，炖好的银耳甜品放入冰箱冰镇后味道会更佳，但不能放太久，不然会产生毒素。

樱桃粳米粥

功效 樱桃含丰富的维生素C，能滋润嫩白皮肤，有效抵抗黑色素的形成，美容养颜。

厨房妙招 买樱桃时应选择连有果蒂、色泽鲜艳、表皮饱满的，如果当时吃不完，最好保存在零下1℃的冷藏条件下。

 原材料

粳米100克，樱桃10颗。

调味料

糖桂花、冰糖各5克。

做法

1. 粳米淘洗干净，浸泡30分钟；樱桃洗净。

2. 锅置火上，放入适量水大火煮沸，加入粳米煮开，转小火熬煮15分钟。

3. 再放入樱桃、冰糖、糖桂花，煮沸即可。

水果·葡萄

葡萄原产西亚，据说是汉朝张骞出使西域时由中亚经丝绸之路带入我国的，历史已有2000年之久，为落叶藤本植物，是世界上最古老的植物之一。

葡萄的营养价值很高，据《北齐书》载，李元忠进献了一盘葡萄给皇帝，竟然获得丝绢百匹的奖赏；另有东汉灵帝时，陕西扶风县人孟佗给皇帝的宠臣宦官张让送了一斛葡萄酿的陈年老酒，竟换得凉州刺使的官职，可见古时候葡萄就是一种很珍贵的水果。

葡萄营养

葡萄除含水分外，还含有15%～30%糖类（主要是葡萄糖、果糖和戊糖）、各种有机酸（苹果酸、酒石酸以及少量的柠檬酸、琥珀酸、没食子酸、草酸、水杨酸等）和矿物质，以及各种维生素、氨基酸、蛋白质、碳水化合物、粗纤维、钙、磷、铁、胡萝卜素、硫胺素、核黄素、尼克酸、抗坏血酸、卵磷脂等。

葡萄皮和葡萄籽中含有一种抗氧化物质白藜芦醇，另外葡萄籽中95%的成分为原青花素。

瘦身养颜关键词

抗氧化

葡萄中含有的白藜芦醇是一种抗氧化物质，能防癌抗衰老。其所含类黄酮是一种强力抗氧化剂，可抗衰老，清除体内自由基。另外，葡萄籽中的原青花素是抗氧化的巨星，抗氧化的功效比维生素C高出18倍之多，比维生素E高出50倍，对延缓衰老有十分明显的作用。

护肝消水肿

葡萄中含有丰富的葡萄糖及多种维生素，对保护肝脏、减轻腹水和下肢浮肿的效果非常明显。葡萄中的果酸还能帮助防止脂肪肝的发生。

净化血液

葡萄能阻止血栓形成，并且能降低人体血清中胆固醇的含量，降低血小板的凝聚力，能净化血液，防止脂质沉积，对预防心脑血管病有一定作用。

抗皱防衰老

葡萄籽中富含人体必需的脂肪酸以及油脂，具有柔软及保湿肌肤的功效；葡萄果肉中含新陈代谢不可或缺的水溶性B族维生素、糖分和钾、钙、磷、镁等矿物质；种子、果肉、果皮和果柄中的葡萄多酚的抗氧化效果特别显著，能够改善由自由基引起的干燥、斑点、皱纹、松弛、粗糙、敏感等皮肤老化问题，保湿、美白、抗皱、防衰同步完成。

● TIPS

1. 吃葡萄后最好不要马上喝水，葡萄本身有通便润肠之功效，吃完葡萄立即喝水，胃还没来得及消化吸收，水就将胃酸冲淡了，葡萄与水和胃酸急剧氧化、发酵，会加剧肠道蠕动，很容易引起腹泻。

2. 吃葡萄应尽量连皮一起吃，因为葡萄的很多招牌营养素都在皮中，葡萄汁的功能和吐掉的葡萄皮是不能拿来比较的，所以做到"吃葡萄不吐葡萄皮"好处多多。

3. 吃海鲜时不要吃葡萄，在吃海鲜的同时吃葡萄、山楂、石榴、柿子等水果，会出现呕吐、腹胀、腹痛、腹泻等症状，因为这些水果中含有鞣酸，鞣酸遇到海鲜中的蛋白质会凝固沉淀，形成不容易消化的物质。

4. 吃葡萄后一定要漱口，葡萄中含有多种发酵糖类物质，会很容易腐蚀牙齿，吃了葡萄后如果不漱口，残渣发酵就容易造成龋齿。

胡萝卜葡萄汁

原材料

紫葡萄300克，胡萝卜1个，
凉白开500~600毫升。

调味料

白砂糖适量。

做法

1. 胡萝卜洗净切小块放入
榨汁机。

2. 葡萄洗净连皮带籽放入
榨汁机。

3. 加入凉开水榨汁后加适
量白糖即可。

功效 这款胡萝卜葡萄汁具有利尿排毒的作用，还有帮助美容抗衰老
的效果。

厨房妙招 糖放多少因人而异，若葡萄放得多可少放糖或者不加糖，果汁
过滤后口感更佳。

葡萄干土豆泥

🖐 **原材料**

土豆2个，葡萄干100克。

🖐 **调味料**

蜂蜜少许，椰蓉适量。

🖐 **做法**

1. 土豆洗净，去皮，切厚片；葡萄干用温水泡软，捞出，控净水备用。

2. 土豆片放入蒸锅，至蒸熟，取出，压成泥状，备用。

3. 取一个空容器，放入土豆泥、葡萄干、蜂蜜，混合均匀，依次取适量揉成团状，均匀沾裹上椰蓉，放入模型中压实，取出即可。

功效 这道点心具有很好的通便作用，可以帮助及时代谢毒素，预防肠道疾病；还能维持体内酸碱平衡，对美容抗衰老有好处；同时还有助于保持血管的弹性，防止脂质沉积，预防动脉粥样硬化。

厨房妙招 这是一道点心，土豆要先蒸熟，葡萄干也要先泡软，因为土豆在空气中容易氧化变黑，影响观感，在上蒸锅前可以先将它泡在清水里。另外还要准备好一个制作点心的模型，用来打造好看的外形。

葡萄炒牛肉

功效 这道葡萄炒牛肉含钙质丰富，对改善血液环境很有好处，还能改善皮肤问题。

厨房妙招 伍斯特郡酱油（Worcestershire Sauce），又叫做辣酱油、伍斯特沙司、喼汁，是一种英国调味料，味道酸甜微辣，色泽黑褐，在西方常用作牛肉菜的调料。

👍 原材料

牛肉100克，加州无籽葡萄250克，蒜1瓣，姜1片，芹菜5根，洋葱半个，青椒1个。

👍 调味料

酱油、淀粉、番茄酱各2大匙，伍斯特郡酱油少许，盐、植物油各适量。

👍 做法

1. 牛肉洗净，切成丝；蒜去皮，洗净，切成末；姜洗净，切成末；芹菜择洗干净，切成段；洋葱去皮，洗净，切碎；青椒去蒂，去籽，洗净，切碎。

2. 取一个空容器，放入切好的牛肉丝、淀粉、酱油、蒜末、姜末，搅拌均匀，待用。

3. 锅内放入植物油，烧热，放入芹菜、洋葱、青椒，翻炒1分钟，加入葡萄，大火煸炒1分钟，熄火，盛起。

4. 另置一锅，放入适量植物油，烧热，放入混合好的牛肉，调入番茄酱、伍斯特郡酱油、盐和适量清水，炒至起泡，加入葡萄和蔬菜的混合物，翻炒均匀即可。

水果沙拉

功效 这道水果沙拉含有丰富的抗氧化物质，能帮助增强抵抗力，延缓衰老，还有很不错的护肤效果，能够保持血液畅通，维持面色红润。

厨房妙招 沙拉中的食材可以根据个人喜好添加或者替换，但如果要瘦身的话，一定记得不要换高热量的水果。

原材料
葡萄200克，猕猴桃1个，香蕉2根。

调味料
沙拉酱适量。

做法

1. 葡萄洗净去皮，对半切开；猕猴桃去皮切小块；香蕉去皮切断。

2. 取一个大碗，放入处理好的食材，加入沙拉酱拌匀即可。

葡萄汁

原材料
鲜葡萄300克。

调味料
白砂糖适量。

做法

1. 将葡萄洗净，放入开水中烫一烫，捞出葡萄，除去蒂。

2. 用干净纱布将葡萄包好，挤出汁加少量白糖即可。

功效 葡萄能益气血，喝葡萄汁可帮助机体排毒，解内热。

厨房妙招 果粒长的紧密的葡萄营养成分充足，喜欢清甜口味的可以用白葡萄，喜欢浓一点味道的可以用红葡萄。

水果·苹果

苹果是一种很神奇的水果，单单就排毒来说，它几乎对排出体内的各种毒素都有效果。

现在很多美国人瘦身必备苹果，甚至发展出一个"苹果日"，就是每周必有一天只吃苹果。

可见苹果在全世界都有着超级好的名声，有的科学家和医师还把苹果称为"全方位的健康水果"或"全科医生"。

- **苹果营养**

苹果的营养很丰富，水果中苹果所含的营养最为齐全，它含有15%的碳水化合物及果胶，含有比较多的酸类物质，如酒石酸、枸橼酸、烟酸等，膳食纤维、钾、钙、磷、锌、镁、硫、胡萝卜素、类黄酮、维生素和抗氧化剂等含量也很丰富。

苹果的含钙量比一般水果要多一些，还含有一种多酚类物质——苹果酚，这种物质对身体健康特别有益。

- **瘦身养颜关键词**

瘦身排毒

苹果所含的多酚及黄酮类是天然的抗氧化物质，能够及时地清除体内代谢产生的毒素，还可以预防铅中毒。其含有的水溶性食物纤维果胶，能够抑制和减少肠道内的不良细菌数量，避免食物在肠内腐化，还能促进胃肠道中的铅、汞、锰的排出。苹果富含粗纤维，可促进肠胃蠕动，帮助人体顺利排出废物，防止便秘。除膳食纤维外，它所含的半乳糖醛酸对排毒也很有帮助。

苹果酸能够代谢热量，防止下半身肥胖。苹果减肥餐之所以曾经风靡一时，就是利用了苹果能让人有饱腹感并具有清肠效果，进而减轻体重。

美容养颜

苹果含有丰富的维生素，可以有效抑制皮肤黑色素的形成，帮助消除皮肤色斑，增加血红素，延缓皮肤衰老。苹果还含有大量的镁、硫、铁、铜、碘、锰、锌等矿物质，能够使皮肤细腻、润滑、红润有光泽。苹果酚可以抑制黑色素、酵素的产生，使皮肤健康而白皙。

减压防酸毒

苹果是碱性食品，吃苹果可以迅速中和体内过多的酸性物质，维持酸碱平衡，增强体力和抗病能力，防止酸毒产生。苹果中的多糖、钾离子、果胶、酒石酸、枸橼酸等可以中和酸性体液中的酸根，降低体液的酸性，从而缓解疲劳。

降血脂降胆固醇

苹果中的果胶进入人体后，能与胆汁酸结合，不断地吸收多余的胆固醇和甘油三酯，然后排出体外。同时，苹果分解的乙酸有利于胆固醇和甘油三酯的分解代谢。另外，苹果中的维生素、果糖、镁等也能降低它们的含量，从而降低罹患高血脂的风险。

降血压

苹果含有充足的钾，可与体内过剩的钠结合并排出体外，从而降低血压，同时，钾离子能有效保护血管，并降低高血压、中风的发生率。

● TIPS

1. 吃完苹果以后有一件事情特别要注意，那就是漱漱口，不然牙齿就会"受伤"了，苹果中的酸是可以腐蚀牙齿的。

2. 如果可以的话，养成每天吃一个苹果的好习惯，可以满足人体每天所需要的大部分维生素C，还能使胆汁的排出量和胆汁酸的浓度增加，帮助肝脏排出更多的胆固醇。

3. 纠正一边吃苹果一边吃海产品的坏习惯，苹果含有鞣酸，与海产品一起吃容易导致腹痛、恶心、呕吐，发生中毒。

苹果银耳炖瘦肉

🤏 **原材料**

苹果1个，银耳半小朵，瘦肉200克，胡萝卜1根。

🤏 **调味料**

盐少许。

🤏 **做法**

1. 雪耳浸泡至软，撕去蒂部的黄色部分，再撕成大小适中的块状。

2. 打湿苹果，用适量盐揉搓片刻，洗净，切成6瓣，去芯。

3. 胡萝卜洗净，切块；瘦肉洗净，切块，氽水捞起。

4. 锅内放入适量清水，煮沸，放入所有材料，隔水炖两个小时，加入少许盐调味即可食用。

功效 苹果雪耳炖瘦肉汤不仅颜色丰富、美味，更重要的是减肥效果好，而且苹果几乎不含有脂肪，还能分解体内积聚的脂肪。

厨房妙招 苹果切块后，如果不立即用，最好放入淡盐水中浸泡着，这样可以防止苹果氧化变黑。

苹果酒酿小丸子甜汤

 原材料

糯米粉100克，温水80克，苹果1个，酒酿1小碗，枸杞适量。

 调味料

冰糖适量。

 做法

1. 糯米粉加温水揉成团，再分搓成细条，分成一个个小剂子，在掌心揉搓成小丸子，盖上湿布备用。

2. 苹果去皮切成小块，泡入盐水中，防止氧化变色。

3. 小汤锅中加水大火煮开后放入小丸子，改中火煮3~5分钟，不时轻轻搅拌以免粘连。

4. 等小丸子浮起来后，放入冰糖、苹果粒和枸杞继续煮至冰糖溶化。

5. 最后加入酒酿即可关火出锅。

功效 苹果所含的钙质和维生素E具有利尿美容的功效，有助于防止皮肤老化；米酒可活血化瘀，搭配苹果做汤，好吃又养颜。

厨房妙招 酒酿不能煮太久，否则酒味会挥发掉，而且容易发酸。

苹果派

🤚 原材料

低筋面粉105克，苹果210克，黄油50克，鸡蛋1个。

🤚 调味料

细砂糖30克，水45克，玉米淀粉7克，盐1克，肉桂粉1克。

功效 苹果含有大量的维生素和苹果酸，能促使积存于人体内的脂肪分解，经常食用苹果可以防止肥胖。

🤚 做法

1. 40克黄油室温软化，筛入低筋面粉、10克细砂糖，揉搓成小颗粒状。

2. 加入30克水，揉成面团，用保鲜膜包好放冰箱冷藏1小时。

3. 苹果洗净去皮、核，切成小块；玉米淀粉加入15克清水调成淀粉汁。

4. 平底锅放10克黄油小火加热，倒入苹果粒翻炒几分钟，加入20克细砂糖继续翻炒至苹果变软，出水后倒入玉米淀粉汁继续翻炒，待苹果粒出现黏糊状关火，加入盐、肉桂粉搅拌均匀，放凉备用，苹果馅就做好了。

5. 从冰箱取出面团，取三分之一擀薄成面片，做派底。

6. 派盘上铺好面片，去掉多余部分，用叉子扎上小孔。

7. 放上苹果馅。

8. 剩余的面团擀成薄面片，切成均匀的细条。

9. 切好的细条在派盘上交叉编好，压去多余部分，刷上蛋液。

10. 烤箱预热至200℃，中下层上下火烤15分钟，直到派馅完全凝固，轻轻摇动派盘，派馅中心没有流动感即可。

厨房
妙招

许多苹果在生长过程中过量使用催长素、催红素、膨大素，或者存放过程中过量使用防腐剂，甚至出售过程中也使用着色剂、打蜡、漂白染色等，因此，我们买苹果不可"以貌取果"，漂亮的苹果不一定对身体好。

苹果炒牛肉片

原材料

牛腿肉300克，苹果2个，葱白3段，熟芝麻1大匙。

调味料

酱油、料酒、水淀粉各1大匙，淀粉1小匙，高汤半碗，小苏打粉少许，盐、白糖、鸡精、植物油各适量。

做法

1. 牛腿肉去筋膜，洗净，切成4厘米长、2厘米宽的薄片；苹果洗净，对半切开，去核，切成薄片，浸泡在清水中备用；葱白洗净。

2. 取一个空容器，放入牛肉片，加入适量酱油、盐、白糖、鸡精、料酒，拌匀，加入1大匙清水，顺时针搅拌，重复加水搅拌2次，至水全部被牛肉吸收，加入淀粉、小苏打粉，静置2小时。

3. 锅内放入适量植物油，烧热，放入牛肉片，用筷子划开至散，捞出，控净油。

4. 锅内留少许底油，烧热，放入葱白段，炒至出香味，放入酱油、糖、料酒、盐、鸡精和少许高汤，烧开，用水淀粉勾芡，倒入苹果片，拌匀，再倒入牛肉片，翻炒至熟，装盘时撒上熟芝麻即可。

功效 这道苹果炒牛肉片的脂肪含量超级低，特别适合减肥。

厨房妙招 牛肉的筋膜不容易熟，也很不容易嚼烂，最好在处理的时候去掉。

水果·草莓

草莓的外形实在很特别，是鲜艳粉红的心形，十分惹人喜欢，它的果肉汁多，酸甜可口，芳香宜人，营养也很丰富，在台湾人们称草莓为"活的维生素丸"，德国人也赞誉草莓为"神奇之果"。

草莓营养

草莓富含多种有效成分，果肉中含有大量的糖类、蛋白质、有机酸、果胶等营养物质，还含有丰富的维生素B_1、维生素B_2、维生素C以及钙、磷、铁、钾、锌、铬等人体必需的矿物质和部分微量元素。

草莓中维生素C的含量非常可观，每百克草莓含维生素C 50~100毫克。

草莓还是人体必需的纤维素、铁、钾、维生素C和黄酮类等成分的重要来源。

瘦身养颜关键词

促便助消化

草莓含有果胶和丰富的膳食纤维，可以促进胃肠蠕动，帮助消化，通畅大便，改善便秘，预防痔疮、肠癌的发生。

排毒抗衰老

草莓是高蛋白质高维生素的水果，其中富含的抗氧化剂维生素C和维生素E能阻止细胞膜被氧化，并且能够清除体内自由基等代谢废物，能够延缓衰老。

解毒防癌

草莓含有天冬氨酸，可以自然平和地清除体内的重金属离子，还能维持牙齿、骨、血管、肌肉的正常功能和促进伤口愈合，促进抗体形成，增强人体抵抗力。草莓还含有丰富的鞣酸，在体内可吸附和阻止吸收致癌化学物质的，具有防癌作用。

草莓含有多种有机酸、果酸和果胶类物质，能促进消化液分泌和胃肠蠕动，排出多余的胆固醇，防止动脉硬化。果胶和维生素对预防高血压、高脂血症有效果，能预防冠心病。

瘦身消脂

草莓中的果胶和酸类物质能够分解和消除食物中多余的脂肪，并刺激肠胃蠕动，排出这些代谢废物，有减肥瘦身的作用。

• TIPS

1. 草莓好吃，不过最好将草莓留到饭后再吃，这样可以利用草莓来分解食物中的脂肪，并促进消化和排泄。

2. 吃草莓前的清洗很重要，因为草莓的外表比较粗糙，而且皮又很薄，一洗就破，不容易洗干净，可以先用自来水不断冲洗，再用淡盐水或淘米水浸泡几分钟。

流动的自来水可以防止草莓里面被农药渗透，淡盐水可以杀灭草莓表面的细菌，淘米水是碱性的，会促进呈酸性的农药降解。

3. 买草莓的时候，最好不要挑那些色鲜个大，颗粒上有畸形凸起，咬开后中间空心的草莓，这种畸形草莓一般是滥用激素而形成的，会对健康不利。

草莓酱

🍎 **原材料**

草莓500克，柠檬1个。

🍎 **调味料**

盐、冰糖各适量。

🍎 **做法**

1. 草莓用淡盐水洗净，去除根蒂，放入料理机中，打成草莓泥。

2. 将草莓泥倒入不粘锅中，加入冰糖，中小火熬煮，熬煮过程中不停搅拌，以免粘锅。

3. 待草莓酱熬煮浓稠，差不多量少一半的时候，加入柠檬汁，搅拌均匀，再次熬煮沸腾后即可关火。

4. 将装草莓酱的容器放入沸水中滚煮2分钟后捞出，沥干水分。

5. 待容器冷却后，即可装入草莓酱，冰箱冷藏保存即可。

 功效　常吃草莓可以减肥，因为它含有一种叫天冬氨酸的物质，可以自然而平缓地除去体内的"矿渣"。

 厨房妙招　洗草莓时可以在盆中放入适量的水，加入2勺食盐，待盐化开后，将草莓放进去浸泡20分钟左右，之后用流动的水冲洗2遍，沥干水分。

草莓熘鸡片

🥄 **原材料**

草莓200克，鸡脯200克，青椒1个，鸡蛋1个，姜2片。

🥄 **调味料**

水淀粉1大匙，盐、鸡精、香油、植物油各适量。

🥄 **做法**

1. 草莓择洗干净，切成1厘米厚的片；鸡脯洗净，切片；青椒去蒂，去籽，洗净，切成菱形片；姜洗净。

2. 鸡蛋磕破一个小孔，将蛋清倒入碗中，打散至起泡；取一个空碗，放入鸡片，加入蛋清、盐、鸡精、水淀粉上浆。

3. 锅内放入植物油，烧至四成热，下入鸡片，滑散，至断生，捞出控净油。

4. 锅内留底油，烧热，下姜片、青椒，炒至出香味，调入盐、鸡精，放入草莓、鸡片，翻炒均匀，用水淀粉勾芡，出锅前淋上香油即可。

 功效 这道草莓熘鸡片蛋白质很丰富，对保持皮肤的弹性很有帮助，还能帮助刺激肠胃蠕动，对排毒也有很好的促进作用。

 厨房妙招 滑鸡片的时候，油温在四成热比较合适，这个时候的油面比较平静，没有青烟和响声，放入鸡片后周围会出现少量气泡。

草莓沙拉拌生菜

生菜和草莓都有消除多余脂肪的作用，加上沙拉酱生吃对瘦身很有用，能降低胆固醇，还能利尿和促进血液循环，具有美容的效果。

厨房妙招

处理生菜的时候，最好用手来撕，这样吃起来会比用刀切的脆很多。如果熟吃生菜，那么炒和煮的时间尽量不要长，这是保持生菜生脆可口的关键。买草莓的时候尽量选择大小刚好可以放到口里的，这样的草莓吃起来方便而且营养能够最大限度地保留。

👍 原材料

草莓150克，生菜300克。

👍 调味料

沙拉酱200克。

👍 做法

1. 草莓择洗干净；生菜用手撕成片，洗净备用。

2. 取一个空碗，放入生菜叶、草莓，拌匀。

3. 淋入沙拉酱，搅拌均匀即可。

草莓绿豆粥

功效 这道草莓绿豆粥营养很丰富，而且绿豆和草莓都是排毒高手，能够保持肌肤的光洁和弹性，并能美白肌肤。绿豆和草莓一同煮粥对降低体内多余胆固醇有很好的效果，还能消除因糯米而可能导致的血脂升高。

厨房妙招 清洗草莓的时候，最好不要一拿到手上就把蒂给去了，不然草莓的果肉很容易被表皮的有害物质污染，经水一冲，农药等就会很快渗透到果肉中，应该等到清洗结束了再去蒂。

原材料

草莓200克，绿豆100克，糯米200克。

调味料

白糖适量。

做法

1. 草莓择洗干净；绿豆挑去杂质，淘洗干净，用清水浸泡4小时，捞出控净水；糯米淘洗干净。

2. 锅内放入适量清水，放入糯米与泡好的绿豆，大火烧沸，转小火，煮至糯米米粒开花，绿豆酥烂。

3. 加入草莓、白糖，搅拌均匀，稍煮片刻即可。

草莓虾球

功效 这道草莓虾球酸甜微咸，清香不腻，蛋白质含量高，有助于维持皮肤的弹性。

原材料

草莓200克，虾仁300克，鸡蛋2个。

调味料

葱白3段，姜3片，水淀粉1大匙，料酒1小匙，盐、鸡精、植物油、香油各适量。

做法

1. 鲜草莓择洗干净，对半切开备用；虾仁洗净；葱白洗净，切末；姜洗净，切末。

2. 鸡蛋磕破一个小孔，倒出蛋清至容器中，打散至起泡；取一个空碗，放入虾仁，加料酒、盐、蛋清、水淀粉，上浆备用。

3. 锅内放入植物油，烧热，放入上好浆的虾仁，用筷子划散，捞出控净油。

4. 锅内留底油，烧热，下入葱末、姜末，炒至出香味，放入草莓、虾仁，调入盐、鸡精，出锅前淋上适量香油即可。

厨房妙招 清洗虾仁前，可以调制一碗稀薄的醋液，一般一碗水、一小匙白醋就可以，将虾仁放进去浸泡一会儿，这样可以洗去硼砂，使虾肉呈天然的肉红色，但是醋不要放太多，不然会适得其反，使虾仁变成惨白如纸的颜色。

水果·梨

梨是生活中特别常见的水果，它味美多汁，甜中带酸，而且营养丰富，含有多种维生素和纤维素。梨分很多种，常见的有皇冠梨、鸭梨、雪花梨、香梨、苹果梨等，不同种类的梨味道和质感各不相同，既可生食，也可蒸煮后食用。

梨营养

梨水分充足，富含维生素以及微量元素碘，能维持细胞组织的健康状态，帮助器官排毒、净化，还能软化血管，促使血液将更多的钙质运送到骨骼。其中含有的B族维生素对调解神经系统、增加心脏活力、减轻疲劳有一定作用。

梨富含糖、蛋白质、脂肪、碳水化合物等，对人体健康有重要作用。

梨含丰富的膳食纤维，可促进肠蠕动，预防便秘，并降低胆固醇。

梨还含有天门冬素，对保护肾脏有益。

瘦身养颜关键词

润肠通便

梨是最好的肠胃"清洁工"，饭后吃个梨，能促进胃肠蠕动，使积存在体内的有害物质大量排出，避免便秘。

健脾胃

梨入胃经，能养胃，助消化，胃正常，食物中的营养成分会被更好地吸收，保证身体这架"精密仪器"的良性运转。

润肺养肌肤

梨入肺经，有养肺润肺、润泽肌肤的功效，在气候干燥的秋季，每天可以吃1~2个梨，可以生吃，也可以蒸熟食用，还可以榨成梨汁饮用。

排毒

梨含有大量的果胶和维生素，能吸附肠道中各种有害物质，帮助净化肠道，抑制血糖上升，维持正常胆固醇含量，迅速排出有毒物质。

利尿减肥

梨热量低，水分充足，有利尿功效，还有不错的减肥功效。

● TIPS

1. 在吃煎烤食品和快餐食品后吃一个梨，不但可以解腻助消化，还可以排毒抗癌。

2. 梨生吃，能解除因上呼吸道感染所产生的咽喉干燥痒痛、干咳及烦渴、潮热等阴虚之症。因此，经常用嗓子的人可以多吃梨。

3. 将梨榨成汁，加胖大海、冰糖少许，煮服饮用，润肺生津功效更显著。

雪梨汤

 原材料

雪梨1个。

 调味料

蜂蜜或冰糖适量。

 做法

1. 先把梨洗净，切成块，放入锅内。

2. 锅置火上，加适量水，大火煮沸后，小火煮至梨变成暗色（也就是说软了），熄火，

3. 等梨汤晾至40℃以下，就可以调入蜂蜜饮用了。

 功效　冰糖雪梨是人们喜爱喝的一种饮品，味道甘甜，所含的营养成分对人体有很大的好处，具有止咳化痰、美容养颜的功效。

 厨房妙招　品质好的梨，果形端正，果肉细腻，质地脆而鲜嫩，汁液丰富。

雪梨鸡丝

 原材料

鸡柳300克，雪梨1个，胡萝卜半根，鸡蛋1个，葱1根，姜3片。

调味料

酱油1大匙，料酒、淀粉各1小匙，醋2大匙，盐、鸡精、植物油各适量。

做法

1. 鸡柳洗净，切成条；雪梨洗净，去皮、核，切成细丝；胡萝卜洗净去皮，切成细丝；葱洗净，切成段；姜洗净。

2. 取一个容器，鸡蛋磕一个小孔，蛋清倒入容器中，放入切好的鸡柳、淀粉、酱油、鸡精和适量油，拌匀，腌渍15分钟。

3. 锅内放入适量油，烧热后倒入腌渍好的鸡柳，翻炒至肉色变白，盛起待用。

4. 锅内留少许底油，烧热，放入胡萝卜丝、葱段、姜片，炒至出香味，调入料酒、醋、盐和适量清水煮沸，倒入鸡柳，再次煮沸，放入雪梨丝，炒匀即可。

功效 这道将雪梨与鸡肉一起拌炒的水果菜，既可以开胃增食欲，又可以润肺清热、补肺止咳。

厨房妙招 雪梨丝要等到鸡柳与酱汁煮得入味再倒入，因为久煮的雪梨丝容易失去爽脆的口感和清甜之味。

山楂梨丝

 原材料

山楂100克，梨2个。

 调味料

白糖适量。

做法

1. 山楂洗净，去核；梨去皮、核，切丝。

2. 炒锅置火上，放入白糖，加入适量清水熬至糖起丝，放入山楂炒至糖汁浸透时起锅。

3. 将糖炒山楂与梨丝拌匀即可食用。

厨房妙招 山楂去核加冰糖煮烂后，可以做成山楂罐头，十分美味。

功效 山楂所含的解脂酶能促进脂肪类食物的消化，促进胃液分泌和增加胃内酶素；梨含有丰富的果胶，有助于消化，促进大便排泄。两者一起做菜，有排毒瘦身的功效。

川贝雪梨猪肺汤

功效

几款食材合而为汤，既可清肺之燥热，又可补肺之不足，"肺主身之皮毛"，肺养好了，自然面色红润、皮肤细腻、光彩照人。

厨房妙招

将猪肺管套在水龙头上，充满水后再倒出，反复几次便可冲洗干净。

原材料

猪肺500克，雪梨1个，川贝10克。

调味料

盐适量。

做法

1. 猪肺切厚片，泡水中用手挤洗干净，放入开水中煮5分钟，捞起过冷水，沥干水。

2. 雪梨洗净，连皮切四块，去核；川贝母洗净。

3. 把全部材料放入开水锅内，待煮沸后，微火煲1~2小时，加适量盐即可。

秋梨烧茄子

 原材料

茄子、梨、洋葱、鸡蛋各1个。

 调味料

番茄沙司1大匙，面粉1小匙，盐、白糖、植物油各适量。

做法

1. 茄子洗净去皮，切成条；梨洗净去皮，切成条；洋葱去皮洗净，切碎。

2. 将鸡蛋打散，放入面粉和少许盐，调成蛋面糊，将每根茄条都裹上蛋面糊。

3. 锅内放入适量油，烧热后放入裹好蛋面糊的茄条，炸至呈金黄色，捞出；待油烧热，再次放入茄条，过油后迅速捞出。

4. 锅内留少许底油，烧热，下洋葱碎，炒至出香味，倒入番茄沙司，翻炒片刻，调入盐、白糖，放入梨条、茄条，翻炒均匀即可。

功效 梨有加快肠道蠕动、促进排便的功效，这道秋梨烧茄子对保持肠道环境清洁很有用，可以排毒养颜。

厨房妙招 茄子裹上蛋面糊炸成金黄色以后，需要再次等油烧到有青烟冒出时再将茄条过热油，这样茄条就会变得脆很多。

第三章

饮食瘦身，身体健康有活力

既然我们每天都需要进食，那么何不在饮食上下一番功夫，既从美味上满足味蕾，又从食疗的角度来瘦身呢？做几道好菜，瘦身兼美味，何乐而不为？

消除脂质沉积

脂质包括固醇类、脂肪、类脂，对人体的作用非常大，它们构成人体的细胞膜，参与形成激素，还提供生命必需的能量等，但是脂质在体内也不能过多，否则会沉积在体内各个部位，引发很多疾病，比如会导致高血脂症，沉积在肝脏会形成脂肪肝，等等。

● 脂质沉积产生的原因

由于生活水平的提升，我们日常饮食经常会摄入含有过高营养的食物，同时运动量又不足以消耗掉过多的养分，很容易导致血液黏稠，降低血流速度。血液浓度增高会造成血液中过多的脂质沉积在血管内壁，除了导致高脂血症，使各器官供氧不足，或导致动脉粥样硬化，危害冠状动脉，引起脑栓塞等疾病之外，还会引起肥胖，影响健康和形体美观，同时导致肌体形成大量自由基，损害人体细胞，导致人体衰老。

● 生活中如何防止脂质沉积

饮酒避免过量：酒中主要含有酒精，在体内会迅速产生很高的热量，如果消耗不掉的话就会转化成脂肪，进而沉积在体内，比如经常喝啤酒的人会出现啤酒肚。

少吃高脂肪食品：高脂肪食品如蛋黄和动物的肝、脑、腰等内脏，很容易引起脂质摄入过多而造成脂质沉积，应该避免或少吃这类食物。

多运动：脂质过多可以通过食物来调整代谢，最直接的方法就是把它消耗掉，每天坚持运动，只要不吃过多高脂肪类食物，每天的运动可以消耗体内过多的脂质，防止脂质沉积。

• 防止脂质沉积的食物

脂质沉积是因为脂质物质吃得过多，而又没有得到相应的消耗，使得多余的脂质堆积在体内，防止脂质沉积应该多吃一些天然抗凝与降脂的食物，如燕麦、大豆等。

玉米。含有丰富的钙、镁、硒等矿物质以及卵磷脂、亚油酸、维生素E，这些物质均有降低血清中胆固醇的作用，能防止动脉硬化，降低血脂浓度。

红薯。红薯能预防心血管系统的脂质沉积及动脉粥样硬化，减少皮下脂肪，避免出现过度肥胖，是有效的降血脂保健食品，还含有大量胶原和黏多糖物质，能保持血管弹性。

燕麦。燕麦含有极丰富的亚油酸，占全部不饱和脂肪酸的35%~52%，维生素E含量也很丰富，可以降低血浆中胆固醇的浓度，起到降脂作用。

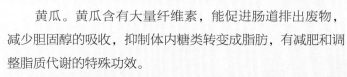

茄子。茄子能有效降低体内胆固醇的含量，防止高血脂症引起的血管损害，可以防止高血压、高血脂、脑出血以及动脉硬化，是降脂保健的最佳蔬菜。

洋葱。洋葱所含的烯丙基二硫化物及少量硫氨基酸具有降血脂效能，这些物质属于配糖体，除降血脂外还可预防动脉粥样硬化，对动脉血管有保护作用。

黄瓜。黄瓜含有大量纤维素，能促进肠道排出废物，减少胆固醇的吸收，抑制体内糖类转变成脂肪，有减肥和调整脂质代谢的特殊功效。

大蒜。大蒜的降脂效能与大蒜内所含物质——蒜素有关，这一有效成分有抗菌、抗肿瘤的特性，能预防动脉粥样硬化，降低血糖和血脂等。

苹果。含极丰富的果胶，能降低血液中胆固醇的浓度，具有防止脂肪聚集的作用。苹果中的果胶还能与其他降胆固醇的物质和维生素C、果糖、镁等结合成新的化合物，从而增强降血脂效能。

豆腐皮红薯卷

原材料

豆腐皮1/4张，红薯半个。

调味料

无。

做法

1. 将红薯洗净，去皮，放在笼屉中入锅蒸熟，捣成泥。

2. 将豆腐皮放入开水中略焯，去掉豆腥味。

3. 将豆腐皮平铺在案板上，将红薯泥均匀铺在豆腐皮上，将豆腐皮卷起，压紧。

4. 用刀将豆腐皮卷切成2厘米长的小段即可食用。

功效 红薯能减少皮下脂肪，避免出现过度肥胖，是有效的降血脂保健食品，还含有大量胶原和黏多糖物质，能保持血管弹性。

厨房妙招 豆腐皮虽有一定的韧性，但不是很强，所以卷的时候不能用太大力，否则容易拉断，只要卷起来，压一下就不会散了。

西红柿鸡蛋燕麦汤

🥄 **原材料**

西红柿1个，鸡蛋1个，嫩豆腐1块，速食燕麦2大匙。

🥄 **调味料**

盐、油各适量，清水1杯。

🥄 **做法**

1. 鸡蛋打散备用；西红柿洗净，切块；豆腐切小块。

2. 锅中加少许油烧热，放入蛋液炒散，盛出；锅中留底油炒西红柿。

3. 锅中倒入适量水煮沸，放入速食燕麦和豆腐，煮沸后把炒好的鸡蛋放入锅中，盖上盖煮2~3分钟即可。

厨房妙招 西红柿用开水烫过后很容易去皮，做出的菜会更好看。

功效 燕麦含有极丰富的亚油酸，维生素E含量也很丰富，可以降低血浆中胆固醇的浓度，搭配含维生素丰富的西红柿以及含蛋白质丰富的鸡蛋，健康又美味。

洋葱牛肉饼

🥄 **原材料**

洋葱1个，牛肉200克。

🥄 **调味料**

淀粉、黑胡椒粉、盐、植物油各适量。

🥄 **做法**

1. 将洋葱去皮，牛肉切小块，一起剁碎或者放入料理机中打成泥。

2. 将淀粉加入牛肉洋葱泥糊中，加入黑胡椒粉、盐，搅拌均匀，团成小丸子。

3. 锅烧热，抹油，将丸子放入，用锅铲或者手压扁成饼，双面煎熟即可。

功效 洋葱所含的烯丙基二硫化物及少量硫氨基酸具有降血脂效能，还可预防动脉粥样硬化，对动脉血管有保护作用。

厨房妙招 塑好形状的丸子也可以放到碗里蒸熟，营养价值比用油煎更高。

黄瓜萝卜丝

功效 黄瓜具有抑制糖类转变成脂肪的作用，黄瓜中的纤维素还可以促进肠道内多余养分的排出，能帮助消除肚子上的赘肉。萝卜的热量很低，而水分和纤维素含量很高，这道菜具有良好的防止肥胖的作用。

厨房妙招 处理黄瓜时，如果不讨厌黄瓜的尾部，那就留下它吧，因为黄瓜尾部含有较多的苦味素，具有抗癌的作用。

原材料
黄瓜1根，萝卜1个，葱2根，姜1片。

调味料
醋1小匙，盐、香油各适量。

做法

1. 黄瓜、萝卜洗净，切成细丝；葱洗净，切成末；姜去皮，洗净，切成丝。

2. 锅内放入适量清水，烧开，放入萝卜丝，焯至熟软，捞出控净水。

3. 取一个空盘，放入黄瓜丝、萝卜丝，撒上盐，加葱末、姜丝，拌匀，浇上醋，淋上适量热香油，拌匀即可。

蒜香四季豆

 原材料

四季豆250克，胡萝卜半根，大蒜5瓣。

调味料

盐1小匙，白糖半小匙，味精少许，植物油适量。

 做法

1. 四季豆、胡萝卜洗净。

2. 把胡萝卜切片，四季豆切斜段，蒜瓣切末。

3. 起油锅，爆香蒜末。

4. 放入四季豆和胡萝卜，加盐、白糖和少量水，大火翻炒至四季豆熟透，加味精调味即可。

功效 大蒜含蒜素，蒜素有抗菌、抗肿瘤的特性，能预防动脉粥样硬化，降低血糖和血脂等。

厨房妙招 四季豆含有胰蛋白酶阻碍因子和凝血素等有毒物质，生吃四季豆会中毒，因此一定要彻底煮熟。

苹果盏

 原材料

　　苹果1个，糯米50克。

 调味料

　　陈皮、冰糖各适量。

 做法

1. 苹果煮六分熟，挖空心备用。

2. 糯米先泡开，放入苹果中，再在苹果中加入陈皮和冰糖。

3. 一齐上锅蒸熟透，即可食用。

 功效

苹果含有丰富的膳食纤维和半乳糖醛酸，对排毒很有帮助，还含极丰富的果胶，能降低血液中胆固醇的浓度，具有防止脂肪聚集的作用。陈皮健胃消食，正好可以帮助消化糯米。

厨房妙招

陈皮储存时间越长久越值钱。年份越短的陈皮皮身越软，因为短年份的陈皮仍含有大量果糖和水分，所以易受潮软身。

祛除水肿

水肿常常表现在眼皮、面部及下肢等部位。一般发生水肿的部位皮肤发紧，伴随肿胀感，严重的话皮肤会发亮甚至渗水，失去原来的弹性和皱纹，用手按会立即出现凹陷，许久才能平复。

水肿是身体不健康的表现，与此同时，水肿还影响着一个人的形体与容颜。

● 水肿产生的原因

身体产生水肿的原因有很多，除了疾病引起的水肿外，很多时候，是不健康的生活方式和饮食方式引起的。

● 生活中防治水肿的小窍门

1. 多走动，不要久站久坐、跷脚等。在家或在办公室时，每隔一段时间起身走动一会儿，促进体内体液的循环，这样可以促进下半身血液回流，防止体内水分分布不均。

2. 生活要有规律，不要过度劳累。紊乱的生活作息容易使得新陈代谢不稳定，影响体内水分的代谢，造成水肿。

3. 避开一些口味重的食物。口味重的食物往往含钠量都比较高，容易导致体内钾的流失，进而影响水分代谢的平衡，使得体内过多的水分无法正常排出，水肿就会接踵而来。

4. 常运动。经常运动和按摩腿脚部，可以预防及消除腿部肿胀。每天睡觉前，不妨将脚抬高到超过心脏的高度，反复做几分钟，既可以消脂又可以消肿，对改善下半身浮肿和修饰曲线很有效。

5. 不要穿过于紧身的衣物。现在很多衣服比如牛仔裤等，在臀部和大腿处会很紧，这样很容易压迫这些部位的血管，导致血液循环和体液循环不畅。

6. 尽量少穿高跟鞋，尤其是长时间走路的时候。穿高跟鞋走路并不是身体的常规状态，很容易使得小腿部位血液循环不足或淋巴阻塞，造成小腿水肿。

7. 温水冲澡或泡澡。脚温热后，再冲冷水，反复三次，在浴缸中用温水浸泡身体，直到身体温暖，这对改善因循环不畅所导致的腿部浮肿现象有效果。

● 防治水肿的食物

消除水肿就是要消除体内积聚的多余水分，因此多吃含有利水利尿成分的食物对消除水肿很有好处，例如黄瓜、红豆等。另外，水分代谢与钾的含量有关系，因此多吃一些含钾的食物，如土豆等也很好，要避免吃得过咸。

土豆。土豆含有丰富的无机盐，而无机盐中的钾含量很高，钾不仅能帮助身体排出因摄入盐分过多而滞留在体内的钠，还能促进身体排出多余的水分。

黄瓜。黄瓜中所含的异槲皮苷利尿作用比较好，自古以来便用于膀胱炎和急性肾炎的应急治疗，对预防水肿效果很好。

红豆。红豆中除了含有丰富的钾之外，所含的皂角苷还有很强的利尿作用，对因脚气病和肾脏功能衰退而引起的脸部、脚部浮肿都有很好的改善作用。

西瓜。西瓜中含有一种氨基酸类的成分，这种成分是瓜氨酸，有很好的利尿功效，同时也有助于肾脏疾病的治疗，还对预防因心脏病、高血压及妊娠引起的浮肿有效。

鲤鱼。鲤鱼含有丰富的优质蛋白，可以作为营养补充到血液中，具有利尿的作用，能促进水肿的消退，消除浮肿。

香蕉。香蕉含丰富的钾，能帮助排出体内过多的钠，有改善水肿及润泽肌肤的效果。

地三鲜

原材料

土豆100克，茄子2个，青椒3个，葱花2小匙，蒜2瓣。

调味料

高汤半碗，酱油1大匙，醋、水淀粉各1小匙，白糖少许，盐、植物油各适量。

做法

1. 土豆、茄子分别洗净，去皮，切成滚刀块；青椒去蒂，洗净，切开成两半；蒜用刀拍碎成茸，去净外皮。

2. 锅内放入适量植物油，烧热，放入土豆块，炸至呈金黄色，略显透明，捞出备用。

3. 油锅中倒入茄子块，炸至呈金黄色，加入青椒块，翻炒片刻，捞起。

4. 锅内留少许底油，烧热，放入葱花、蒜茸，爆至出香味，加入适量高汤、酱油、醋、白糖、盐、茄子、土豆和青椒，略炒，用水淀粉勾芡即可。

功效 这道地三鲜由三种蔬菜做成，每种蔬菜都包含有很多矿物质，是一道对平衡体液酸碱度十分有益的家常菜，能减少乳酸，抗疲劳，同时还具有美容、降脂和抗衰老的作用。特别是土豆，富含钾，可以帮助身体排出多余的水分。

厨房妙招 茄子切开后很快会变成褐色，不妨立刻放到清水中浸泡，等到要用的时候再捞出来，就可以保持茄子本身的颜色。

酸辣土豆丝

原材料

土豆3个（约400克），彩椒2个，香菜少许。

调味料

醋、香油、辣椒酱、盐、糖、鸡精各适量。

做法

1. 土豆去皮切丝，用水泡好，防止变黑；彩椒洗净，切丝。

2. 锅中加入适量清水，烧开，放入土豆丝，煮熟后捞出，彩椒也放入锅中略烫后捞出。

3. 取小碗用盐、糖、鸡精、醋、香油、辣椒酱调成调味料。

4. 将土豆丝、彩椒丝、香菜倒入大碗中，倒入调好的调料，拌匀即可。

功效 土豆的营养价值完全可以跟苹果相提并论，它含有丰富的无机盐，而无机盐中的钾含量很高，钾不仅能帮助身体排出滞留在体内的钠，还能促进身体排出多余水分。

厨房妙招 为了有效利用土豆中的钾，在蒸、烤或煮土豆时，最好不要去皮。

红豆红糖核桃粥

原材料

糙米150克，红豆100克，核桃适量。

调味料

红糖1大匙。

做法

1. 糙米、红豆淘净沥干，加水以大火煮开，转小火煮约30分钟。

2. 加入核桃以大火煮沸，转小火煮至核桃熟软。

3. 加入糖继续煮5分钟即可。

功效　红豆中含有的石碱成分，可增加肠胃蠕动，减少便秘，促进排尿，消除心脏或肾病所引起的浮肿。

厨房妙招　这道粥中也能加入薏米，也是很好的搭配。

糖醋鲤鱼

🤙 **原材料**

鲤鱼1尾，水发莲子、红绿樱桃各5粒，黄瓜100克，葱、姜、蒜各适量。

🤙 **调味料**

糖、醋、番茄酱、湿淀粉、植物油各适量。

🤙 **做法**

1. 炒锅放上底油，将番茄酱稍炒，放上葱、姜、蒜炒出香味，再放入白糖、醋烧开，放入湿淀粉勾芡，端离火口，放上莲子和樱桃制成糖醋汁待用。将黄瓜切成7厘米长、1.7厘米厚的枕头形，放于盘中。

2. 起大油锅，在油温四成热时，戴手套迅速将活鱼刮鳞，开膛取除内脏洗净，在两边改牡丹花刀，这时油温已达到七八成热，用毛巾包住鱼头，用手握住鱼头下油锅炸制至熟，放在盘中，将鱼头放在黄瓜制成的枕头上。

3. 另取炒锅上火，放入底油，油冒轻烟时，迅速倒入制好的糖醋汁，待汁爆起浇在鱼身上即可，头部不浇汁。

功效 很多水肿的发生，是源于身体里蛋白含量低了，鲤鱼含有优质蛋白，可以给身体补充蛋白质，达到利尿消肿的功效。

厨房妙招 鲤鱼鱼腹两侧各有一条像细线一样的白筋，去掉它们可以除腥味。

香蕉牛奶煎饼

功效 香蕉含丰富的钾，能帮助排出体内过多的钠，有改善水肿及润泽肌肤的效果。

厨房妙招 也可以用电饼铛，用电饼铛就盖上盖，等灯灭就可以。

🍠 **原材料**

香蕉1根，牛奶1杯，面粉50克，鸡蛋1个。

🍠 **调味料**

植物油适量。

🍠 **做法**

1. 将香蕉去皮，切块，捣成泥，加入牛奶，搅成泥糊，鸡蛋打散，倒入，再搅拌均匀。

2. 将打好的糊和面粉混合，倒入适量水，搅成适当的黏稠面糊。

3. 平底锅抹油，烧热，调小火，舀一勺面糊倒在锅中心，任面糊向四面八方流动，煎几分钟，待一面变黄，翻转煎另一面。

炝黄瓜片

 原材料　　 **调味料**

黄瓜1根，　　　辣椒（红、尖、干）20克，醋2小匙，盐、白糖、鸡精、
姜1片。　　　　花椒、香油各适量。

做法

1. 黄瓜洗净，去根、尖，切成5厘米长的薄片；干红辣椒去蒂、籽，切成细
丝；姜洗净，切成丝。

2. 将黄瓜片放盆中，加盐和花椒，腌10分钟，用开水焯一下，捞出控净
水，装盘，放入白糖、醋、鸡精，拌匀。

3. 锅内放入少量香油，烧热，放入花椒，炸至出香味，捞出花椒不要，放
入红辣椒丝和姜丝，略炸，趁热倒入瓜片盘内拌匀即可。

功效　黄瓜有利尿功效，有利于消除身体水肿，还可以降低血液中胆固醇、
甘油三酯的含量，促进肠道蠕动，加速废物排泄，改善人体的新陈代
谢，常吃黄瓜可以减肥和预防冠心病的发生。

厨房妙招　炝菜的要诀是要趁热拌调料，这样可以使味道深入主料内部。做得好的
炝菜，味道是很有层次感的。

蓑衣黄瓜

原材料

黄瓜1根。

调味料

辣椒、姜、盐、白糖、植物油各适量，米醋4勺。

做法

1. 在黄瓜上切下一小片皮形成一个平面，然后在这个平面背面同样切一片皮。

2. 刀锋与案板形成30度角，切黄瓜片。

3. 将切好的黄瓜翻到背面，在原位置基础上向上旋转30度角，按照步骤一的方法切另一面。

4. 在切好花刀的黄瓜上撒盐，将渗出的水分倒掉。

5. 姜切丝，辣椒切丝。

6. 热锅底油，将姜丝炒香后，放入辣椒、3勺白糖、4勺米醋，再加4勺水熬制汤汁。

7. 待汤汁冷却，浇在黄瓜上即可。

功效 黄瓜皮中所含的异檞皮苷有很好的利尿消肿作用，因此，黄瓜可以用于膀胱炎和急性肾炎的应急治疗。

厨房妙招 圆黄瓜易滚动，很难切片，在黄瓜上正反切两个平面能使它更稳定，不再滚动，利于切片。

瓜皮排骨汤

原材料
西瓜皮2块，排骨100克。

调味料
盐适量。

做法

1. 西瓜皮清洗干净后去皮切丁，排骨洗净剁成小段，放入沸水氽汤后捞出备用。

2. 将适量的清水倒入煲中，先用大火煮沸后，加入瓜皮和排骨，改为小火慢煮30分钟。

3. 最后加盐调味即可食用。

功效 西瓜皮是很好的利尿剂，对肾炎引起的浮肿具有良好的消除效果。

厨房妙招 如果有兴趣，可以试着在吃完西瓜以后留下西瓜皮，去皮做简单的凉拌菜，口感也很脆爽。

排出宿便

正常的排便情况应该是每周3次以上，如果排便异常，那么很可能你的肠道内已经形成宿便。

一般情况下，如果将肠道内的宿便清除出去，人的体重可以下降1~2.5公斤，由此可以想象肠道里积聚着多少宿便了。

导致宿便的原因

便量不足：主要是摄入的膳食纤维过少造成的，膳食纤维在消化道内不会被消化，而是直接移动到大肠，从而增加粪便的量，使得排便顺畅。

粪便在肠道内缺少水分：这会让粪便变得干燥，变硬了的粪便很难排出，会导致便秘。

人为压抑便意：很多人因为压力或者懒得去厕所而强行压制便意，时间一久就成了宿便。

肠道蠕动异常：排便是通过肠的蠕动完成的，若身体运动不足，肠道的蠕动会变迟钝，特别是腹肌无力时，更易发生便秘，形成宿便。

紧张和压力：这些负面情绪会影响神经对大肠的控制，导致排便困难，产生宿便。

宿便会产生毒素，它是肠道内一切毒素的来源，宿便中的毒素被肠道反复吸收，通过血液循环到达人体的各个部位，面色晦暗无光、皮肤粗糙、毛孔扩张、痤疮、腹胀腹痛、口臭、肥胖、心情烦躁等症状往往是宿便导致的。

生活中如何清除宿便

早起喝水和排便：肠道清洁，首先要保持大便畅通，可以在晨起后饮用一杯温开水，还可以在水中加入少量食盐，增加肠道的水分。

养成早晨定时排便的习惯：因为早晨是人体大肠蠕动最快的时刻，早晨把头天的食物残渣全部排泄掉，这一天都会很轻松。

多吃蔬果：坚持多吃含纤维素的蔬菜和新鲜水果，刺激黏液分泌的食物一定要尽量避免多吃，如乳制品、含脂肪高的食物和加香料的食物。

做简单的锻炼：坚持体育锻炼能促进胃肠的蠕动，有利于排便。有一个简单的下腹按摩法可以帮助排便顺畅，方法为：平躺，以肚脐为中心，用手掌在直径20厘米的圆周范围内缓缓地按摩整个下腹3~5分钟，每天坚持，会有一定效果。

● 清除宿便的食物

清除宿便最佳的食物就是能够促进排便的食物，富含粗纤维和水分的食物是首选，这样的食物有新鲜蔬菜、水果等，比如豆类食物促便效果就十分好。

黑木耳。水发黑木耳能给肠道带来更多水分，使粪便不会因为干燥而滞留在肠道内，是一种非常好的清肠食物。

香蕉。香蕉含有丰富的膳食纤维和糖分，能起到很好的润肠通便作用，不过一定要选择熟香蕉，只有熟了的香蕉才能帮助肠道发挥功能，生香蕉会适得其反。

核桃。核桃仁具有润肠通便的功效，能够防止大便在肠道中变得干燥和结板，对老年人便秘特别管用。

红薯。红薯含有较多的纤维素，能在肠中吸收水分，使得肠道顺滑，不被消化吸收的纤维素还可以增大粪便的体积，促进通便。

糙米。糙米中含有丰富的纤维质，可以帮助粪便迅速积聚，从而使得排便变得顺畅。

苹果。苹果含有丰富的果胶，果胶有保护肠壁、活化肠内有用的细菌、调整胃肠功能的作用。苹果里还有许多纤维素，能使大便变得松软。苹果里的有机酸能刺激肠子蠕动。因而苹果能够有效地清理肠道，预防便秘。

韭菜。韭菜富含食物纤维，软化粪便的作用很好。

豆类。豆类含有丰富的纤维素，如四季豆、红豆、豌豆等，对促进排便十分有效，能增加便量，刺激肠道，有助于排便顺畅，同时也能促进致癌物质随粪便更快地排出体外，常吃豆类食物可以改善便秘和降低患癌概率。

木耳西芹炒百合

 原材料

　　黑木耳150克，西芹100克，鲜百合100克，蒜片、葱段适量。

 调味料

　　盐、味精、水淀粉、色拉油各适量。

 做法

1. 黑木耳泡发洗净，西芹去筋切成菱形，鲜百合洗净备用。

2. 锅内放水烧开，加少许盐和色拉油，放入黑木耳、西芹、百合煮10秒钟，出锅除水分。

3. 炒锅置火上，放油烧热，放入蒜片、葱炸香后放黑木耳、西芹、百合，加盐、味精调味，最后用水淀粉勾芡即可。

功效 木耳味甘性寒，是一种高蛋白、低脂肪、多纤维的食物，搭配同样含丰富的食物纤维的西芹，可以促进排便。

厨房妙招 买回百合后，挑洗干净，再煮一下，煮开后就关火，不须煮烂，晾凉后，按照一顿的量分别装保鲜袋，然后放在冰箱冷冻室，可以保存很久，下次想吃的时候只要拿出一袋待化开后再煮一下就好了。

牛奶香蕉芝麻糊

 原材料

香蕉2根，牛奶1杯，芝麻30克，玉米面10克。

 调味料

白糖适量。

做法

1. 将香蕉去皮后用勺子研成糊。

2. 将牛奶倒入锅中，加入玉米面和白糖，边煮边搅均匀。注意一定要把牛奶、玉米面煮熟。

3. 煮好后倒入研成糊的香蕉中调匀，撒上芝麻即可。

功效 香蕉的含糖量超过15%，且含大量水溶性的植物纤维，能引起高渗性的胃肠液分泌，从而将水分吸附到固体部分，使粪便变软而易排出。

厨房妙招 夏天喝，用冷牛奶，味道更佳。

烤红薯

 原材料

红薯2个。

 调味料

无。

做法

1. 将红薯洗净，沥干水分。

2. 烤盘内放一张锡纸，再把红薯放入烤盘内，烤箱预热220℃，然后送入中层烤40分钟左右。中间翻两次面，待红薯变软熟透即可。

厨房妙招 用手捏一下红薯，如果红薯是软的就代表熟了，如果还是很硬就得多烤一会儿。选择红薯时，最好选择水分大的红薯，还夹带出糖，这样的红薯烤起来特别香甜。

 功效 红薯含有较多的纤维素，能在肠中吸收水分增大粪便的体积，有促进排便的作用。

红薯糙米粥

原材料
红薯1个，牛奶1杯，糙米100克。

调味料
无。

做法

1. 将红薯清洗干净，去皮，切成小块。

2. 将糙米内的杂质淘洗干净，用冷水浸泡半小时，沥去水分。

3. 将红薯块和糙米一同放入锅内，加入冷水用大火煮开，转至小火，慢慢熬至粥稠米软。

4. 根据自己的喜好加入牛奶，再煮沸即可。

功效 糙米富含钾和膳食纤维，红薯也含有丰富的膳食纤维，两者煮粥，可促进细胞新陈代谢和肠道蠕动，通便利肠胃。

厨房妙招 糙米是水稻剥去外壳和粗糠而保留胚芽和内皮的大米，好的糙米表面的膜光滑，无斑点，胚呈黄色。

鲜拌三皮

功效 瓜果皮不但维生素丰富，膳食纤维也比瓜果肉丰富得多，便秘时可以吃一吃这道菜，效果很好。

厨房妙招 剩下的西瓜和黄瓜可以榨汁食用，也可以用来做面膜。

原材料
西瓜皮、黄瓜皮、冬瓜皮各200克。

调味料
盐、味精各适量。

做法

1. 将西瓜皮刮去蜡质外皮。

2. 将冬瓜皮刮去绒毛外皮。

3. 将西瓜皮、冬瓜皮与黄瓜皮一起，入沸水锅中余烫一下。

4. 待冷却后切成条状，放入少许盐、味精，装盘食用。

苹果西芹沙拉

 原材料

苹果半个，西芹1把。

 调味料

酸奶50毫升。

 做法

1. 将新鲜的苹果和西芹洗净，切片之后用冰水冲，使其更具清脆口感。

2. 加入酸奶拌匀，美味又健康。

厨房妙招 如果不喜欢西芹的涩味，可以换成味道比较甜的胡萝卜；食材用冰水冲或者切片后放入冰箱冷冻一下，口感更好。

功效 苹果含有丰富的钾质，可以促进体内代谢；西芹富含高纤维质，能促进肠胃蠕动，搭配酸奶，通便、养颜又健康。

豆苗虾仁

 原材料

豌豆苗300克，虾仁150克。

 调味料

盐、鸡精各5克，姜片、蒜末、植物油各适量。

 做法

1. 将虾仁去肠泥洗净，豌豆苗去硬梗洗净沥干。

2. 热油爆香姜、蒜，放入虾仁略炒之后盛出备用。

3. 另起油锅以大火炒豆苗，放入虾仁拌炒，下调味料调味即可。

提示：炒时淋点儿料酒，可去除豆苗的腥味，具有提香功能，使豆苗炒好后更翠绿。

功效 豌豆苗中的膳食纤维很丰富，这道豆苗虾仁能防止大便秘结，还具有减肥的功效。

厨房妙招 这道菜中还可以加一些泡发的香菇合炒，香菇的香气可以减轻虾仁的腥味，别有一番味道。

核桃仁炒韭菜

 原材料

韭菜250克，核桃仁60克。

调味料

盐、植物油各适量。

 做法

1. 韭菜择洗干净，切成2厘米长的段，备用。

2. 锅内放入适量植物油，烧至七成热，下核桃仁，翻炒至熟。

3. 投入韭菜段，与核桃仁一起翻炒片刻，加盐调味即可。

功效

核桃具有润肠通便的作用，韭菜含有大量粗纤维，能促进胃肠蠕动，治疗便秘，还可以预防肠癌。

厨房妙招

要注意，不可将核桃与野鸡肉一起吃，有肺炎、支气管扩张症状的人不适合吃核桃，另外吃核桃的时候最好不要喝酒。熟了的韭菜是不可以隔夜吃的，所以这道菜隔夜了最好不要再吃，以免伤身。

去瘀血助循环

瘀血会引起细胞、肌肉的养分不足，造成肥胖，因为血管瘀阻不通，坏死的细胞排不出去，就会堵塞血管，皮肤上长斑就是这种现象表现在外的特点。坏死的细胞不断地堆积在血管，最终将堵塞经络和血管，造成血液瘀滞，瘀滞的血液会失去营养、濡润功能，并且会对机体产生害处，阻碍正常气血的新生和营运，产生斑点、眼圈发黑、头痛头重、发热上火、烦躁贫血、肩膀酸痛，嘴唇、牙龈、指甲变成暗紫色等。

● 身体出现瘀血的原因

寒冷、肥胖、饮食过量、长期压力过大等因素，都可能导致血液循环不良，形成瘀血，引发多种疾病。还有一些瘀血主要是由于气虚、气滞、血寒等，导致血液运行不畅而凝滞在血脉中，或者是因为外伤等造成体内出血，而又不能及时消散或排出，停留于体内的这些血液也会形成瘀血。

● 生活中如何清除瘀血

不要频繁地吃止痛药：生活中经常会碰到因瘀血而导致的头痛和身体一些部位刺痛，偶尔吃止痛药可以缓解疼痛感，但是最好不要频繁地吃，不然会形成药物依赖，药物的毒副作用会使病症进入恶性循环，对身体造成更大的伤害。

少吃寒性食物：尤其是身体容易发冷的人，要尽可能避免吃寒凉性质的食物，冷天不要吃沙拉等冰凉食物，保持身体的暖和。

多运动：运动是清除病痛的基础，经常保持适量运动可以帮助身体气血循环，加速新陈代谢，帮助排出毒素。对改善女性手脚冰凉、痛经等尤其有效。

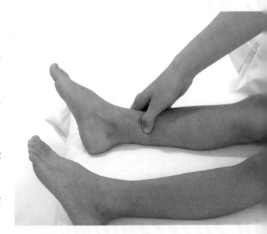

● 清除瘀血的食物

清除和改善瘀血，就是要疏通血管，活化血液，进而排出瘀血。因此食物的选择上应尽量选择具有活血化瘀功效以及具有补血作用的，比如猪肝、菠菜等。

生姜。生姜独特的辣味和香味具有药效成分，姜油酮、姜辣素能使末梢的毛细血管扩张，使得淤滞的血液顺畅流通，促进发汗，活化新陈代谢，降低血压，生姜可以温暖身体，减少胆固醇，避免血管阻塞。

胡萝卜。胡萝卜所含有的 β–胡萝卜素对眼睛疾病，皮肤粗糙、肝脏、心脏、胃肠机能低下，肩、腰、膝部疼痛，痛经、自律神经失调症状等都有缓解作用，能促进血液循环，温暖身体。

山药。山药中的多巴胺具有扩张血管、优化血液循环的功能。

肉桂。具有驱散寒冷、消除疼痛、活血通经的效果，有助于改善手脚和腰部的寒冷及痛经，促进血流顺畅。

咸梅干。咸梅干有净化血液的作用，可以使污浊、黏稠的血液恢复正常。

猪肝。猪肝含有丰富的铁、磷，这些都是人体造血不可缺少的原料，猪肝是非常实用和有效的补血食物，可以帮助人体调节和改善造血系统的生理功能。

木耳。黑木耳具有益气强身、滋肾养胃、活血等功能。它能抗血栓，降血脂，抗脂质过氧化，从而降低血液黏稠度，软化血管，使血液流动通畅。

姜丝萝卜饮

 功效 生姜中有一种与水杨酸相似的物质，有抗血小板凝聚的作用。

厨房妙招 用盐水把生姜泡1小时，然后拿出来晒干，放入冰箱贮菜格内，可以放很长时间并保持其鲜嫩程度。

原材料

生姜丝25克，萝卜丝50克。

调味料

红糖适量。

做法

1. 生姜丝、萝卜丝加适量水煎15分钟。

2. 加入适量红糖，煮沸即可。

青椒炒猪肝

 功效 猪肝是补血食物，可以帮助人体调节和改善造血系统的生理功能，搭配青椒，又可给身体补充维生素，美味又健康。

 厨房妙招 由于肝脏是动物体内的解毒器官，烹调前请用清水浸泡1小时以上，再用清水冲5分钟左右。

原材料

猪肝300克，青椒1个，红椒1个，葱1根，蒜末少许。

调味料

淀粉、酱油、鸡精、盐、植物油各少许。

做法

1. 猪肝洗净切片，用少许鸡精、酱油、淀粉腌10分钟；青椒、红椒洗净切片；葱洗净切斜段。

2. 锅内注入清水，烧沸，放入猪肝余烫至变色，捞出沥干备用。

3. 另起锅，放油烧热，倒入蒜末、青椒、红椒炒片刻，加入猪肝同炒，加盐、鸡精调味，最后加入葱段炒至变软即可。

素炒三丝

原材料

土豆150克，胡萝卜1根，青椒1个，葱3段，姜2片。

调味料

水淀粉1小匙，盐、鸡精、醋植物油、花椒油各适量。

做法

1. 土豆洗净，去皮，切成5厘米长的丝；胡萝卜洗净，切成5厘米长的丝；青椒去蒂，去籽，洗净，切成5厘米长的丝；葱洗净，切成末；姜洗净，切成末。

2. 将土豆丝、胡萝卜丝和青椒丝放到沸水里焯一下，至变色，捞出过凉水，控净水。

3. 锅内放入适量植物油，烧热，投入葱末、姜末，爆至出香味，下焯好的三丝，旺火快速翻炒片刻，调入醋、盐、鸡精，用水淀粉勾芡，淋入适量花椒油即可。

 功效 胡萝卜有促进血液循环、温暖身体的功效，这三种蔬菜搭配，除了祛除瘀血，还有助消化、降压、降脂和美容减肥的效果。

 厨房妙招 如果不想浸泡土豆时淀粉流失，最好放到最后切，这样就不会变黑。

梅干藕片

原材料
藕200克。

调味料
咸梅干适量，酸梅酱1大匙。

做法
1. 藕洗净，去皮切薄片。烧一锅水，煮沸，放入藕片余烫至透明色，捞出后冲凉水，沥干。

2. 咸梅干取肉，切碎，和酸梅酱一起放入藕片中，拌匀即可。

功效 咸梅干有净化血液的作用，可以使污浊、黏稠的血液恢复正常；莲藕可补益脾胃，益血生肌，有利血管的清理与修复。

厨房妙招 鼻子出血的时候，可以服用新鲜的生藕汁，有迅速止血的作用。

山药白玉丸

原材料
山药100克，熟江米粉（糯米粉）40克，红辣椒1个（约30克），西蓝花少量。

调味料
盐、胡椒粉、海鲜粉各适量。

做法
1. 山药洗净上锅蒸熟；西蓝花焯熟；红辣椒洗净，切丝。

2. 将熟山药去皮，切小块，捣碎成泥。

3. 在山药泥中放入盐、胡椒粉、海鲜粉、适量熟江米粉拌匀。

4. 取少量山药泥揉成球状，在剩余熟江米粉中滚一下，码盘，摆上西蓝花和辣椒丝即可。

功效 山药中的多巴胺具有扩张血管、优化血液循环的功能。

厨房妙招 把山药的外皮洗净，除去泥土杂质之后，直接丢入滚水中烫煮一下。起锅之后，只要用菜刀由上而下轻轻划一刀，就可以毫不费力地除去外皮。

肉桂黄芪鸡汤

🫑 **原材料**

母鸡1只，黄芪15克，肉桂15克。

🫑 **调味料**

生姜2片，盐、米酒各适量。

🫑 **做法**

1. 鸡宰杀干净，剁成块入凉水锅中煮开，然后捞出冲净沥干。

2. 肉桂用清水冲洗一下；黄芪用清水浸泡3~5分钟，之后捞出冲净沥干。

3. 所有材料放入电压锅内胆中，加入生姜、米酒，注入清水适量。

4. 选择"煲汤"档煮1小时，食用前加盐调味。

功效 黄芪可补气行血，益肺止汗；母鸡性味甘温，能温中健脾，补益气血，具有驱散寒冷、消除疼痛、活血通经的效果，一起炖汤，可增强体质，提高免疫力。

厨房妙招 如果家里有煲汤袋，也可以将药材置于煲汤袋中，煮好后取出就可以，很方便。

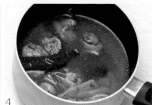

木耳炒黄花菜

🥄 **原材料**

水发黑木耳300克，黄花菜100克。

🥄 **调味料**

味精、盐、葱花、湿淀粉、素鲜汤、花生油各适量。

🥄 **做法**

1. 将木耳泡发，去杂洗净，撕成小片。黄花菜泡发，去杂洗净，挤去水分，切成小段。

2. 锅置火上，加花生油烧热，放入葱花煸香，再放入木耳、黄花菜煸炒。

3. 加入素鲜汤、精盐、味精烧至木耳、黄花菜熟透入味，用湿淀粉勾芡，出锅即可食用。

功效 黑木耳具有益气强身、滋肾养胃、活血等功能。它还有较强的吸附作用，有利于将体内的代谢废物及时排出体外。

厨房妙招 泡发木耳宜用凉水，口感更佳。

木耳洋葱拌苦瓜

原材料

苦瓜1根，洋葱1棵，木耳、姜丝各适量。

调味料

盐、香油各少许。

做法

1. 苦瓜洗净，去瓤，斜切成片；洋葱去外皮，洗净，切丝；木耳泡发洗净。

2. 烧开一小锅水，将苦瓜放入余烫30秒，迅速捞出过凉水，沥干备用。

3. 把木耳放入锅中余烫1分钟，取出冲凉后切丝。

4. 将苦瓜、洋葱、姜丝、木耳丝放入盘中，撒盐，淋香油拌匀即可。

功效 洋葱有温阳活血的作用，其含有的前列腺素A，是较强的血管扩张剂，它含有的葱蒜辣素，能抗血小板聚集，因而能降低外周血管阻力与血液黏稠度，并降低血压；黑木耳具有活血的功能，它能抗血栓、降血脂、抗脂质过氧化，从而降低血液黏稠度，软化血管，使血液流动通畅。

厨房妙招 将苦瓜沿着上面条纹的方向剖成两片，去籽后，把紧贴瓜肉的一层白色瓜瓤去除干净，可以有效去除部分苦味。

菠菜黑木耳炒蛋

原材料

菠菜100克，黑木耳（干）10克，鸡蛋1个，蒜2瓣。

调味料

盐、鸡精、植物油各适量。

做法

1. 菠菜择洗干净，切段；黑木耳放在温水中泡发，去蒂，洗净，撕成小朵；蒜去皮，洗净，剁碎；鸡蛋磕破，打散。

2. 锅内放入适量植物油，烧至七成热，将鸡蛋倒入，炒熟后装盘备用。

3. 锅内留少许底油，烧热，放入蒜，爆至出香味，放入菠菜段、黑木耳，翻炒至熟，加炒好的鸡蛋，调入盐、鸡精即可。

功效 菠菜有补血止血的功效，黑木耳含有维生素K，能减少血液凝块，这道菠菜黑木耳炒蛋有助于保持血脉通畅，具有活血化瘀的作用。

厨房妙招 泡发黑木耳的时候，温水中放入一些盐再浸泡，这样可以让黑木耳变软的速度加快。

第四章
饮食养颜，美丽由内而外

　　一个人的美丽固然跟先天的脸型、五官有关，但更重要的是后天的保养，随着年龄渐长，美越来越体现在每一个细节，洁白润泽的肌肤，明亮有神的眸子，健康洁白的牙齿……这些都是美的呈现，而这些都是可以通过后天保养来改善的。饮食养颜，是由内而外的一种改善，在养颜的同时，还能收获健康的身体。

改善面色暗黄

面色暗黄或苍白无光泽，还可伴有嘴唇、指甲色淡，头晕目眩，心悸失眠，疲倦乏力，手足发麻，月经量少等，此类多为营养不良和贫血征兆，饮食上应补充铁质。

很多人患有缺铁性贫血，若不善于养血，体内的血不断流失，而身体新产生的血又不够充足，就会引起一系列身体问题，容易出现面色萎黄、唇甲苍白、发枯、头晕、乏力等血虚症状。

其实，在生活中，蹲下起来之后头晕眼花就是血虚最普遍的表现。

吃什么可以补血养血

1. 多食补血食物，如猪肝、红枣、黑木耳、桂圆、黑豆、胡萝卜、面筋、金针菜、莲藕等。炒猪肝、猪肝红枣羹、姜枣红糖水、山楂桂枝红糖汤、姜汁薏苡仁粥、黑木耳红枣汤等的补血功效都很不错。

2. 维生素C可以促进人体对铁质的吸收和利用。多食维生素C含量丰富的食物，对帮助补血有很大的好处。

3. 出现贫血的时候，往往伴随食欲不佳或消化不良。因此，在烹调的时候要特别注意食物的色、香、味。色香味俱全的佳肴不仅能促进食欲，还可以刺激胃酸分泌，提高对营养的吸收率。

4. 如果因为某些原因，比如受伤、生产等，导致身体出血比较多，可以服用一些补血的保健品，如东阿阿胶补血口服液、复方红衣补血口服液等，但最好事先咨询医生。

TIPS

西红柿、黄瓜、柠檬、鲜玫瑰花瓣各适量，洗净后合在一起榨压取汁，再加入蜂蜜，不拘时间随时饮用。西红柿、黄瓜富含维生素C和谷胱甘肽（由谷氨酸、半胱氨酸、甘氨酸组成的一种肽，对活化人体的某些生物酶和对生物学上的氧化还原过程起着重要作用），柠檬富含柠檬酸，常饮此汁可促进皮肤代谢，消除色素沉着，使肌肤变得细腻白嫩。

  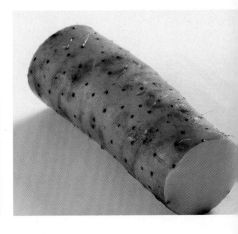

豆腐山药猪血汤

原材料

猪血200克，豆腐200克，鲜山药100克，葱花、姜末各少许。

调味料

香油5～10滴，盐、鸡精各适量。

做法

1. 将鲜山药去皮洗净，切成小块备用。猪血和豆腐切块备用。

2. 锅中加适量清水，加入山药、姜末和盐，用大火烧开。

3. 5分钟后，加入豆腐和猪血，用小火煮20分钟左右。

4. 加入葱花、鸡精、盐，淋入香油，即可出锅。

 功效 这道菜可以抑制黑色素，温和祛除老化细胞，让肌肤红润细腻。

 厨房妙招 市面上特别多假猪血，如果猪血切开后，里面光滑平整，没有气孔，说明是用血粉做的。如果切开处粗糙，有不规则小孔，说明是真猪血。

花生红枣莲藕汤

功效 花生、红枣、莲藕都是补血养血的佳品，三者合而煲汤，不但适合日常饮用，还特别适合产后血亏的女性月子里养身体。

厨房妙招 用冷水炖汤，冷水要一次性加足，冷水可以使肉外层的蛋白质不会马上凝固，里层的蛋白质才可以充分地溶解到汤里，这样汤的味道更鲜美。

原材料

猪骨200克，莲藕150克，花生50克，红枣10粒，生姜1块。

调味料

盐适量，鸡粉、料酒各少许。

做法

1. 将花生洗净；猪骨洗净，剁成块；莲藕去皮，切成片；红枣洗净；生姜切丝。

2. 锅中放入适量清水，烧开后放入猪骨，用中火煮尽血水，捞起用凉水冲洗干净。

3. 将猪骨、莲藕、花生、红枣、姜丝一同放入炖锅中，加入适量清水，加盖炖约2.5小时，调入盐、鸡粉、料酒，即可食用。

黑木耳红枣汤

功效 黑木耳属于黑色食品，具有抗氧化和消除自由基的作用，可以帮助祛斑，消减黑色素沉积。红枣能养血驻颜，令肌肤红润，焕发光泽，和黑木耳搭配有助于强化黑木耳的祛黑斑功效。

厨房妙招 浸泡黑木耳的时候，可以用温水，这样速度快一些，而且口感也会不错，泡的时候加一些淀粉搅拌一下，可以将木耳中细小的杂质和沙粒清除掉。

原材料

黑木耳30克，红枣15粒。

调味料

白糖适量。

做法

1. 黑木耳洗净，用清水浸泡至软，捞出控净水，去蒂，撕成小块；红枣洗净，去核。

2. 锅内放入适量清水，放入撕好的黑木耳、去核的红枣，煮半个小时。

3. 至黑木耳熟烂，调入白糖即可。

醪糟苹果盅

🍎 原材料

苹果1个，黄瓜1根，醪糟1碗，杏仁、葡萄干、枸杞各适量。

🍎 调味料

无。

🍎 做法

1. 将苹果洗净，切掉上盖，用勺子挖掉苹果肉和果核，制成苹果盅。

2. 在酒酿中放入杏仁、葡萄干、枸杞搅拌均匀，倒入苹果盅里，盖上盖，上汽蒸20分钟。

3. 将挖出的苹果肉切碎，黄瓜切末。

4. 起锅，锅内下入剩余的酒酿与其他食材进行煲煮，出锅前加入适量黄瓜末。

5. 将熬好的汁浇在蒸好的苹果上即可。

功效 常吃苹果能增加血色素，使皮肤变得细白红嫩；黄瓜含有丰富的维生素，可以为皮肤、肌肉提供充足的养分，可有效地对抗皮肤老化，减少皱纹的产生。

厨房妙招 用白色的纸巾在苹果上面轻轻地揉搓，如果纸巾上面出现了淡淡的红色，就说明这个苹果上面有工业蜡，需要削皮食用。

西红柿小白菜豆腐汤

 原材料

豆腐（北）1块，西红柿1个，小白菜200克，姜末少许。

 调味料

盐、鸡精、植物油各适量。

 做法

1. 豆腐洗净切块，西红柿洗净切片，小白菜洗净切碎。

2. 锅置火上，放油烧热，放入姜末爆炒，再放入西红柿炒化，然后放入豆腐块，翻炒片刻，加水煮10分钟。

3. 放入小白菜煮沸，加入少量盐和鸡精调味即可。

 功效

西红柿、小白菜和豆腐均含有丰富的维生素和矿物质，三者合用，不仅能补水嫩肤，还能使沉淀于皮肤的色素、暗斑减退，是美容食疗的首选。

厨房妙招

将一个西红柿捣烂取汁，放入玻璃器皿中，加入两大匙蜂蜜与一大匙面粉，充分搅拌调匀，洗净脸后均匀敷于脸上，具有平衡油脂的功效。

祛除色斑

不少女人一过30岁，面部皮肤就开始发生变化：面色无光、晦暗、萎黄发青、长斑，尤其到了夏季，由于气血容易亏虚，黄褐斑、雀斑、蝴蝶斑、黑斑开始丛生。

色斑很影响容颜，不过，爱美女性也不必太担心，因为色斑是可防可治的，只要平时多加注意，是可以做个无斑美人的。

● 美白祛斑的食物

1. 猕猴桃。猕猴桃被称为维C之王，维生素C能有效抑制皮肤内多巴醌的氧化作用，使皮肤中深色色素转化为浅色素，干扰黑色素的形成，预防色素沉淀，保持皮肤白皙。

2. 柠檬。柠檬也是抗斑美容水果，其所含的枸橼酸能有效防止皮肤色素沉着。使用柠檬制成的沐浴剂洗澡能使皮肤滋润光滑。

3. 各类新鲜蔬菜。大部分蔬菜都含有丰富的维生素C，具有消褪色素和美白润肤的作用。如西红柿、土豆、卷心菜、花菜、冬瓜、丝瓜等。

4. 豆制品。豆制品和动物肝脏等食品对消除黄褐斑有一定的辅助作用。因豆制品含丰富的维生素E，维生素E能够破坏自由基的化学活性，不仅能抑制皮肤衰老，更能防止色素沉着于皮肤。

5. 带谷皮类食物。带谷皮类食物也含丰富的维生素E，能有效抑制过氧化脂质产生，从而起到干扰黑色素沉淀的作用。

● 须注意的生活小细节

1. 阳光的照射会加深色斑，因此，应避免日光的直射，有阳光的日子，外出要戴遮阳帽，抹防晒霜。

2. 洗脸时采用冷热水交替冲洗。坚持用冷水和热水交替冲洗脸上长斑的部位，能促进相应部位的血液循环，加速黑色素分解。

3. 避孕药可能会导致色素变化，长出色斑，因此如果在服用避孕药期间色斑颜色变深，并且减少服用剂量也不能解决问题，那就有必要换一种避孕方式了。

● TIPS

不少女性经过一段时间的饮食调养，身体的很多不适都会有所好转，比如月经不调等，但是，色斑却没有立竿见影淡下去，这是因为色素沉着有一个过程，变淡也要有一个过程，切莫因为短期看不到效果而失去信心。

猕猴桃西米露

功效 猕猴桃被誉为营养价值最高的水果，它含有丰富的纤维素、多种维生素和钾离子，能够防止便秘，帮助消化，美白肌肤，还含有营养头发的多种氨基酸、泛酸、叶酸及有乌发作用的酪氨酸等物质，有乌发、美发、长发之功效。

厨房妙招 感觉甜度不够的话，可以加些蜂蜜、糖或酸奶等。

👍 **原材料**
猕猴桃2个，西米适量。

👍 **调味料**
无。

👍 **做法**

1. 煮沸一锅水，水量要没过西米。放西米入沸水后要不断搅拌，防止糊底，煮到大部分西米开始变透明，起锅冲凉水。

2. 猕猴桃削皮，切成粒，然后放入煮熟的小西米搅拌均匀即可。

柠檬冬瓜条

👍 **原材料**
冬瓜250克，柠檬汁100克。

👍 **调味料**
白糖20克。

👍 **做法**

1. 将冬瓜去皮冲净，切成一字条状。

2. 将冬瓜条放入沸水中汆烫至熟，然后放入柠檬汁中，再加入白糖调味，浸泡半小时后捞出，装入盘中即成。

功效 柠檬是美白的圣品。它含有丰富的维生素C，其主要成分是柠檬酸，对美白肌肤、预防皮肤老化具有极佳的效果，对消除疲劳也很有帮助。

厨房妙招 将挤汁后的柠檬皮切成细丝，加入适量的清水，放在香薰炉中，然后加热，就能成为不错的香薰。

丝瓜炒虾仁

 原材料

丝瓜200克，虾仁200克，鸡蛋1个，红椒1个，青椒1个，姜1片，蒜3瓣。

 调味料

酱油、料酒各1大匙，盐3克，植物油适量。

 做法

1. 丝瓜洗净，去皮，切成条；青、红椒去蒂，去籽，洗净，切成丝；姜切丝；蒜拍碎，去衣。

2. 虾仁处理干净，沥干水分，加盐、酱油腌渍10分钟；鸡蛋打散成液，入热油锅炒熟后盛出备用。

3. 油锅烧热，爆香姜、蒜，下虾仁翻炒片刻，加料酒后继续翻炒一会儿，盛起；锅内放丝瓜，炒1分钟后加适量开水略煮。

4. 倒入虾仁、鸡蛋以及青、红椒，加盐调味，拌匀即可。

功效 丝瓜含防止皮肤老化的B族维生素、增白皮肤的维生素C等成分，能保护皮肤、消除斑块，使皮肤洁白、细嫩。

厨房妙招 虾仁的虾线是腥味的最大来源，处理时一定要剔除；腌渍及炒制虾仁时均可加一点料酒，可令腥味消除。丝瓜水分很多，炒制时不必加太多水，保证不会干锅即可，不然丝瓜会煮得软软的，口感很差。

猕猴桃炒肉丝

原材料

猪瘦肉300克，猕猴桃100克，蛋清20克。

调味料

盐3克，料酒、淀粉各1大匙，高汤、植物油各适量，白糖、胡椒粉各少许。

做法

1. 猪瘦肉洗净，切成丝，加入少许盐、料酒、淀粉，倒入蛋清，拌匀上浆；猕猴桃洗净，去皮，切丝。

2. 将剩余的盐、料酒、白糖、淀粉、胡椒粉以及高汤兑成芡汁待用。

3. 炒锅上火，放入适量植物油烧热，下浆好的瘦肉丝炒散，下猕猴桃丝略炒，烹入兑好的芡汁，小火收汁即可起锅。

功效 猕猴桃是含维生素C最丰富的水果，因此常吃猕猴桃可以在不知不觉中起到美白的作用。而且，猕猴桃含有特别多的果酸，果酸能够抑制角质细胞内聚力及黑色素沉淀，有效祛除或淡化黑斑，对改善干性或油性肌肤也有显著的功效。

厨房妙招 由于用来炒制，可挑选那些刚买回来的较硬的猕猴桃，否则炒的时候很容易碎成渣，影响口感。

冬瓜薏米煲老鸭

功效

薏仁可以保持皮肤光泽细腻，能消除蝴蝶斑、雀斑、粉刺、老年斑、妊娠斑，这道冬瓜薏米煲老鸭汤对皮肤斑点的消除和抑制很有效。

厨房妙招

先将薏仁用清水泡几个小时，或者用温水泡也可以，再拿来煮口感会变得滑软一些，薏米不容易煮熟，泡过之后还可以缩短煮的时间。

原材料

鸭半只，冬瓜200克，薏米50克，姜2片，陈皮1片，米酒半碗。

调味料

盐、鸡精、植物油各适量。

做法

1. 鸭处理干净；冬瓜去皮，去瓤，洗净，切成块；薏米淘洗干净，用清水浸泡至软，捞出；陈皮洗净，用清水浸泡至软，捞出；姜洗净，切成末。

2. 锅内放入适量清水，烧开，放入鸭，焯去血水，捞出控净水，切成块；姜末放入米酒中，调成姜汁酒。

3. 另置一锅，锅内放入适量植物油，烧热，放入鸭块，略煎，烹入姜汁酒，拌匀，盛起。

4. 锅内放入冬瓜、薏米、陈皮、适量清水，大火烧沸，放入煎好的鸭块，转小火，煲至汤汁浓稠，调入盐、鸡精即可。

祛痘

痘痘是青年人群中最常见的皮肤问题，青春痘的发病与遗传因素、激素分泌、胃肠障碍、使用外搽药物和化妆品不当等多种因素有关。

也有些女性长痘是因为生孩子，在生孩子前，皮肤很光滑，基本不长痘，可生完宝宝后反而冒出了很多痘痘。

长痘的原因

1. 内分泌失调是长痘的主因。内分泌失调、激素水平的变化，使得油脂分泌过多，毛囊皮脂腺导管被堵塞，排泄不畅，再加上细菌感染，痘痘就产生了。一般在医生的指导下通过确定内分泌失调的原因，调整内分泌，然后进行必要的饮食调理是可以防治的。

2. 情绪原因。除了内分泌变化外，长痘与情绪压力以及睡眠受到影响也有关。

防治痘痘的方法

1. 饮食。多吃蔬菜和水果及含纤维素丰富的食物，如韭菜、芹菜、西蓝花等绿叶蔬菜，可以保持消化功能正常，防止便秘；苹果、樱桃、橘子等水果含丰富的维生素与矿物质，能帮助身体排出毒素，有效祛痘。

另外，要注意多喝水，脸上易出油通常是体内缺水的表现，所以不仅脸部需要补水，身体也要多补水。

2. 勤洗脸，用温水，并选择性质温和的洁面乳，不使用偏碱性的洁面剂。

3. 护肤。洗脸后及时擦上补水又不含油分的面霜，忌用含油脂多的化妆品和粉底霜。如条件允许，可在专业医师的指导下采用含有中药成分的护肤品。

4. 起居。保持愉快而乐观的心态和足够的睡眠时间。

Tips

如果痘痘已经变白有脓头，可以先用热毛巾敷一会儿，然后用纸巾把痘痘轻轻挤破。时间较多时，可以用酒精给出脓的痘痘消毒一下，然后用消过毒的美容针扎入痘痘脓头，再用针在痘痘上滚动挤压，彻底挤干净脓水，最后用棉球擦拭，才不易因感染留下疤痕。

胡萝卜甜橙汁

 原材料

橙子2个，胡萝卜2根。

 调味料

冰糖或者蜂蜜适量。

做法

1. 将橙子去皮，胡萝卜去皮，洗净，切成小块。

2. 将橙子和胡萝卜一起放入榨汁机中榨成汁。

3. 榨好后加适量冰糖即可。

功效 这道蔬果汁能够起到清洁身体和补充身体能量的作用，可帮助消除炎症和促进细胞的再生，能去痘养颜，还能延缓衰老。

厨房妙招 夏天可以加入一些薄荷叶，口感清凉。

绿豆鸡蛋汤

功效 绿豆可增加肠胃蠕动，减少便秘，能有效促进排毒。鸡蛋含有丰富的蛋白质，营养全面，常食可使皮肤白嫩光滑，面容红润有光泽。

厨房妙招 为保证蛋清的卫生，鸡蛋磕破前最好用厨房纸轻轻擦一擦蛋壳，但尽量避免用清水冲洗，因为鸡蛋壳上有很多小孔，用水冲洗时会将蛋壳外的细菌冲进鸡蛋中，还会破坏掉鸡蛋壳内的保护膜。

原材料

绿豆100克，鸡蛋1个。

调味料

冰糖适量。

做法

1. 将绿豆洗净后用清水浸泡1~2个小时，再将绿豆连同浸泡绿豆的水一同倒入锅中，锅置火上，加入适量冰糖，大火煮至绿豆开花熟烂。

2. 鸡蛋磕入碗中，搅打成液，等绿豆煮好后倒入鸡蛋液，搅匀，稍凉后一次服完，连服2~3天。

甜藕汁

🥄 **原材料**
莲藕1根。

🥄 **调味料**
蜂蜜少许。

🥄 **做法**

1. 将莲藕洗净，去皮，切小块。

2. 将莲藕放入榨汁机中，加适量凉开水，榨成汁。

3. 将莲藕汁倒入杯中，加少许蜂蜜调匀即可。

 厨房妙招 榨这道甜藕汁时可以加入其他材料，如胡萝卜、西瓜等。

功效 中医认为，生藕性寒，有清热除烦之功，特别适合因血热而长痘痘的患者食用。每天早上喝一杯，不仅味道好，防干燥，润肺止咳，还可以帮助祛除脸上的小痘痘。

桃仁山楂粥

🥄 **原材料**
粳米80克，核桃仁10克，山楂10克，新鲜荷叶半张。

🥄 **调味料**
无。

🥄 **做法**

1. 将山楂、核桃仁、荷叶分别洗净，切碎，倒入砂锅内，加入适量清水煮沸。

2. 再加入粳米，大火烧开，后转小火煮成粥即可。

功效 这道桃仁山楂粥具有活血化淤、清热解毒的功效，适用于粉刺症状比较严重的人食用。

 厨房妙招 核桃的内膜有点苦味，如果不喜欢苦味，可以用开水浸泡，之后很容易去除内膜。

百合莲藕汤

 原材料

百合100克，莲藕100克，梨1个。

 调味料

盐少许。

做法

1. 将鲜百合洗净，撕成小片状；莲藕洗净去节，切成小块，煮约10分钟；梨切成小块。

2. 将梨与莲藕放入清水中煲2小时。

3. 加入鲜百合片，煮约10分钟，最后放入盐调味即可。

功效 炖藕的时候还要注意，一定要炖成红色，口感上也会变得非常绵软。

厨房妙招 这道汤有清热止渴、凉血止血的作用。如果觉得鼻子、嘴巴这一块喘气特别热，觉得要上火了，有这种阴虚生内热的症状，喝这道汤就是很好的选择。

祛除黑眼圈

因为工作压力大以及生活作息不规律，越来越多的年轻人会不自觉地熬夜，再加上频繁化妆，卸妆可能不彻底，这些都会导致黑眼圈的出现，黑眼圈无疑会让人看上去疲惫、气色不好。

如果黑眼圈呈蓝黑色，那么多半是新陈代谢不佳或睡眠不足引起的，坚持使用促进新陈代谢类的舒缓眼霜，可以在较短的时间内改善它。

如果黑眼圈是带褐色的，那说明是眼睑下的黑色素沉淀，日晒、眼妆经常过浓都是它的成因。

黑眼圈会加速我们变老的节奏，在日常生活中我们应该怎样祛除黑眼圈和眼袋呢？

祛除黑眼圈的方法

1. 注意饮食。红枣补心养气、补肾益肝，对因肾亏体虚或睡眠不足等引起的黑眼圈有明显的改善作用；豌豆含有丰富的维生素A原，维生素A原可在体内转化为维生素A，有润泽皮肤的作用；米酒可以抗敏感、保湿、消除黑眼圈和皱纹以及妊娠纹；红茶或者绿茶对防治黑眼圈也有明显效果，用冲泡过的冷茶包敷眼睛，可以帮助祛除黑眼圈。

2. 多运动。日常生活中多做一些眼保健操，眼保健操可以促进我们眼部的血液循环，黑眼圈很多时候就是眼部血液循环不好导致的。

3. 正常作息。平时要有一个正常的作息时间表，尽量不要熬夜，熬夜对黑眼圈的形成是有直接影响的，所以平时要注意尽量早睡。

4. 彻底卸妆。现在几乎每一个上班的女性都化妆，但是每天下班以后要注意卸妆，卸妆是非常关键的，卸妆不彻底会对皮肤造成损害，同样也会导致黑眼圈。

Tips

在涂抹眼霜的时候，可以顺便点按眼周穴位，有助于消除黑眼圈，具体的手法是：用无名指轻轻按压眼尾处、下眼眶、眉正中以及鼻翼外侧这几个穴位，连续10次，再用中指与无名指沿着眼睑从内向外轻轻提拉，持续10次，最后，用手指轻弹眼周。

黑豆红枣汤

功效 红枣具有养颜补血的作用，经常用红枣煮粥或者煲汤，能够促进人体造血，可以有效预防贫血，使肌肤越来越红润。

厨房妙招 将黑豆洗净后放入锅中，加入1000毫升水，大火煮沸后改用小火熬煮。煮至水快干、豆粒饱胀时，熄火，将黑豆取出放在器皿上晾干，然后撒细盐少许，存放在瓷瓶内，可做为黑豆零食长期食用。

原材料
黑豆50克，红枣10粒。

调味料
红糖适量。

做法
1. 黑豆洗净，浸泡12小时；红枣洗净备用。
2. 将黑豆、清水放入砂锅中，大火煮开，小火炖到豆熟。
3. 加入红枣、红糖再炖20分钟即可。

豆腐豌豆粥

原材料

粳米80克，豆腐150克，豌豆50克，胡萝卜适量。

调味料

盐少许。

做法

1. 将粳米淘洗干净，用清水浸泡1小时；豆腐切小块；豌豆洗净。

2. 胡萝卜洗净，放入锅中，加水煮熟，捞出，切丁。

3. 锅置火上，加入适量清水，烧开，放入粳米、豌豆、胡萝卜丁、豆腐块，待再沸后，转小火煮成粥，最后加少许盐调味即可。

功效 豆腐具有益气、补虚的功效，豌豆有和中益气等功效，二者合用，益气功效更盛，特别适合气虚体质的人食用。常食此粥可补中益气，祛病延寿。

厨房妙招 豆腐的颜色应该略带微黄，如果过于死白，有可能添加了漂白剂，不宜选购。

米酒丸子

原材料

米酒50克，糯米粉200克。

调味料

冰糖5颗。

做法

1. 将糯米粉加入适量水，揉成丸子。

2. 米酒放入锅内，加入冰糖和300毫升水，大火烧开。

3. 将糯米丸子放入锅里，用锅铲轻轻划散，中火慢慢煮至丸子浮起即可。

功效 米酒可以抗敏感、保湿、消除黑眼圈和皱纹以及妊娠纹，搭配糯米可以补血养虚。

厨房妙招 制作时要保证所用容器清洁，不得沾油，还要不断地划动，避免丸子粘到一起。

菠萝豆腐汤

 原材料

菠萝100克，内酯豆腐100克。

 调味料

盐、糖、鸡精、水淀粉各适量。

做法

1. 将菠萝去皮，切成小块放入盐水中浸泡10分钟后备用。

2. 内酯豆腐从盒中取出，切丁备用。

3. 锅中加水，放入豆腐丁，煮开后再加入菠萝一起煮，加盐、糖、鸡精调味，出锅前用水淀粉勾芡即可。

功效 豆腐含有丰富的蛋白质与维生素等，营养价值高，和菠萝搭配，吃起来酸甜爽口，且让人气色好。

厨房妙招 成熟度好的菠萝表皮呈淡黄色或亮黄色，两端略带青绿色，上顶的冠芽呈青褐色；生菠萝的外皮色泽铁青或略带褐色。

南瓜红枣粥

功效

红枣营养丰富，其中维生素C的含量在果品中名列前茅，有"天然维生素丸"之美称；南瓜含有的酶有助于抵御自由基，增加皮肤弹性。

厨房妙招

新鲜的南瓜外皮质地很硬，用指甲掐，不留指痕，表面比较粗糙，虽然不太好看，但口感反而会更好。

原材料

南瓜200克，红枣10粒，大米50克。

调味料

白糖或红糖适量。

做法

1. 南瓜去皮，切成块状，洗净；红枣去核，洗净；大米淘洗干净。

2. 将大米、南瓜、红枣一同放入锅中，加入适量清水，煮粥。

3. 待粥煮好后加入白糖或红糖调味即可。

明亮双眼

　　小孩子的眼睛总是黑白分明，看上去分外好看，由此我们可以看出，美丽的眼睛不是双眼皮大眼睛，而是眼神清澈明亮，只有水润亮泽的双眼，才真正有明眸善睐、顾盼生辉的风采。

　　随着年龄的增长，眼睛的功能日益退化，再加上电子产品的普及，尤其是手机不离手，导致我们的眼睛也开始疲劳，干涩、灼热、血丝、怕光、流泪、红肿……双眸越来越失去了往日的神采。

　　怎样才能保护眼睛，让双眼像孩子的眼睛一般清亮呢？

● 饮食是护眼的最好物质

　　很多人会买高级眼药水、洗眼水来保护眼睛，其实，保护眼睛从养成良好的饮食习惯做起更为重要。因为眼睛需要眼泪的滋润，而眼泪中含有多种营养物质，这些营养物质最好的来源还是饮食。

　　1. 适量多吃含维生素A的食物，能缓解眼睛发干、发涩、疲劳。含维生素A丰富的食物有：动物肝脏、鱼肝油、鱼子、全奶及全奶制品、蛋类，以及绿色蔬菜和黄色蔬菜、水果，如菠菜、韭菜、豌豆苗、青椒、红薯、胡萝卜、南瓜、杏、杞果等。

　　2. 适量多吃含维生素C、维生素E、维生素B_2的食物，对维护眼睛的健康很有帮助。

　　3. 适量多吃含锌丰富的食物，锌对于视网膜的保健不可或缺。富含锌的食物有肝、肾、海产品、乳类、谷类、豆类、坚果类等。

● Tips

　　见缝插针地利用工作中的小间歇让眼睛也来做个伸展运动，不仅能锻炼眼部四周肌肤，使之富有弹性，还能让我们的双眼更明亮灵动。

　　1. 放松眼周肌肉，尽量让焦点注视在极远处，保持10秒左右；

　　2. 依照向上—平视—向下—平视的顺序缓缓地移动眼球，重复8次；

　　3. 按第二步的方法左右移动眼球，重复8次；

　　4. 按上—右—下—左—上—中的顺序缓缓转动眼球，重复4次；

　　5. 依照第四步的方法反方向转动眼球，重复4次。

虾丸鸡蛋汤

功效　西红柿含有丰富的维生素C和维生素A，可以缓解眼睛疲劳，让眼睛水润美丽，与虾丸、鸡蛋煮汤，还能使身体摄取均衡的营养。

厨房妙招　挑选西红柿时，不要挑选有棱角的那种，也不要挑选拿着感觉分量很轻的，那些一般都使用了催熟剂，要选表面有一层淡淡的粉一样的感觉的，而且蒂的部位一定要圆润。

原材料

虾400克，鸡蛋1个，火腿、扁豆、小西红柿、葱末各少许。

调味料

香油、盐、胡椒粉、鸡精、植物油各适量。

做法

1. 虾去壳和肠泥后洗净沥干，剁碎；鸡蛋打散，加入剁碎的虾肉和盐、胡椒粉搅拌均匀，制成虾丸。

2. 锅置火上，放油烧热，放入火腿煸炒几下后，加适量清水，煮开后，捞出火腿。

3. 随即加入西红柿片、扁豆及虾丸，烧开，待蔬菜稍软，加入葱末、鸡精、香油、盐调味即可。

冬瓜大枣莲子粥

原材料

粳米100克，新鲜连皮冬瓜100克，莲子30克，大枣20克，枸杞1大匙。

调味料

冰糖2大匙。

做法

1. 粳米淘洗干净，用清水浸泡30分钟；莲子用水浸泡至软；冬瓜洗净，切成小块。

2. 将粳米连同冬瓜块、莲子一同放入锅中，加适量清水，大火烧开。

3. 加入大枣和枸杞，转小火慢熬，煮成稀粥，用冰糖调味即可。

功效　冬瓜和大枣都含有丰富的维生素，能合理补充维生素，对保护眼睛、防止视力下降、防治眼疾、提高视力非常重要。枸杞也是很好的护眼食材，可降低眼睛敏感度，减少流泪。

厨房妙招　莲子最忌受潮受热，受潮容易虫蛀，受热则莲芯的苦味会渗入莲肉，因此，莲子应存放于干爽处。莲子一旦受潮生虫，应立即日晒或火焙，晒后须摊晾两天，待热气散尽凉透后再收藏。

西红柿蘑菇猪肝汤

原材料
猪肝250克，西红柿1个，蘑菇3朵，葱末、姜末各少许。

调味料
料酒、胡椒粉、盐、鸡精各适量。

做法
1. 蘑菇、西红柿洗净，切丁备用。
2. 猪肝洗净后切片，加入姜末、料酒拌匀，放入蒸屉蒸15分钟，取出备用。
3. 锅置火上，加入清水及少许料酒煮5分钟，放入洗净的蘑菇、西红柿丁和蒸好的猪肝。
4. 煮滚后，加少许盐、胡椒粉、鸡精调味即可。

 功效　西红柿含维生素C，可以防止眼睛晶状体混浊性白内障、角膜炎和虹膜出血。猪肝可以促进视网膜感光物质的合成，提高人体对昏暗光线的适应力，保护视力。

厨房妙招　猪肝是解毒器官，要将买回来的猪肝用流水冲洗干净，然后放在淡盐水中浸泡20~30分钟。

枸杞菊花茶

原材料
枸杞10克，菊花8朵。

调味料
冰糖数粒。

做法
1. 将枸杞和菊花放漏网中小心冲洗干净，放入茶壶中。
2. 加1000毫升沸水冲开，盖上盖子闷10分钟后放入冰糖调味即可。

功效　枸杞子以宁夏出产的为好，菊花可用黄山菊花，一般超市均有出售。

厨房妙招　枸杞子味甘，性平，具有补肝肾、益精血、明目的功效；菊花性凉，具有清凉明目的功效。经常服用枸杞菊花茶可以有效地改善和保护电脑工作者的视力。

番茄玉米鸡肝汤

功效　番茄含维生素C，可以防止眼睛晶状体混浊性白内障、角膜炎、虹膜出血。鸡肝可以促进视网膜感光物质的合成，提高人体对昏暗光线的适应力，保护眼睛视力。

厨房妙招　在清水中调入白醋，然后浸泡鸡肝，可以去掉散存于肝血窦中的毒物。

原材料

鸡肝250克，西红柿1个，玉米1根，姜少许。

调味料

料酒、盐、淀粉、香油、白醋各适量。

做法

1. 用刀剔去鸡肝表面的筋膜，洗净后切成薄片。取一个大碗，倒入白醋和清水搅匀后，放入切好的鸡肝片，浸泡20分钟。

2. 20分钟后，将浸泡鸡肝的水倒掉，并用清水冲洗两次，沥干。鸡肝放入碗中，调入料酒、盐和淀粉抓拌均匀，腌制10分钟。

3. 把番茄洗净，切成5厘米大小的块；姜去皮切丝；玉米洗净后，改刀切成大块。

4. 锅中放入玉米、姜丝、清水和一半量的番茄块，大火煮开后转小火煮10分钟。此时倒入剩余的一半番茄块，加入盐调味，后改成大火，放入鸡肝煮沸，大约1分钟后至鸡肝变色，最后滴几滴香油即可。

健齿美白

洁白、整齐、坚固的牙齿无疑会给人增添美感，现在越来越多的人重视牙齿的美白，并不断寻求美白牙齿的方法，如洗牙，使用美白牙膏、牙贴、牙粉、牙线等美白用品等，有很多明星甚至将全口牙齿换成烤瓷牙，可见牙齿美白对一个人容颜的重要性。

在这些美白牙齿的方法中，我们最推崇的还是饮食美白牙齿，因为牙齿的好坏与饮食营养有着重要的关系。牙齿的主要成分是钙和磷，钙和磷须从食物中获得。人体对钙、磷的摄入充足，加之讲究口腔卫生，牙齿保护得好，自然就坚固而洁白了。

吃什么可以让牙齿更美白

1. 多吃对牙齿健康美白有利的食物，如芹菜、乳酪、洋葱、木耳、香菇、海带、薄荷、蜂蜜等。

2. 多吃奶制品。奶制品是我们牙齿所需要的钙质和磷质的最好来源，奶中的蛋白质能限制牙齿釉质无机盐排出过多，保护牙齿。

3. 少吃或不吃零食，以免引起龋齿。少喝咖啡、茶和控制吸烟的量，以免牙齿变黄。

健齿美白的生活习惯

1. 每次饭后漱口，这样可去除口腔中的食物残渣，清除牙垢，增强牙齿的抗酸防腐能力。

2. 每天早晨醒来和临睡坚持做上下牙之间的相互叩击。开始时轻叩十几下，以后逐日增加叩击次数和力量，达到每次叩击50次左右。此法能增强牙周组织纤维结构的坚韧性，促进牙龈及颜面血液循环，使牙齿保持坚固。

3. 要坚持每天早晚用温水刷牙，临睡前刷牙比早晨刷牙更重要。

4. 应定期去医院除去牙面上的结石，以防止牙周炎的发生。

5. 每天做一两次闭口鼓腮漱口动作，并将舌头左右转动，这样能使唾液分泌增多，使牙面、牙缝和口腔黏膜受到一定的冲洗和刺激，可使口腔自洁，保护牙齿健康。

西蓝花乳酪汤

功效 乳酪是钙的良好来源之一，可以减少蛀牙，使牙齿更为坚固。

厨房妙招 西蓝花最好提前放在盐水中浸泡几分钟，以去除菜虫和残留农药。

原材料

西蓝花150克，土豆1个，鲜乳酪1小块。

调味料

盐、胡椒粉各适量，豆蔻粉半小匙。

做法

1. 将西蓝花去茎，掰成小朵，洗净，保留数朵菜花，其余剁碎；土豆洗净削皮，切丁。

2. 在汤锅中添加适量的清水，放入西蓝花碎块和土豆丁，煮约90分钟，至蔬菜变得软烂。

3. 把鲜乳酪放入汤中，搅拌均匀，加盐、胡椒粉和豆蔻粉调味。

4. 再将保留的几朵菜花放入汤中，继续煮2分钟即可盛入汤盘中。

芹菜胡萝卜粥

原材料

芹菜50克，胡萝卜50克，西红柿50克，大米100克，姜末、葱花各适量。

调味料

盐适量。

做法

1. 先将西红柿洗净，用开水烫一下，剥皮去籽瓤，切成小块；胡萝卜洗净切丝；芹菜洗净沥水切成末。

2. 粳米淘洗干净，放入锅中，加水1000克，用大火烧开后转用小火熬煮成稀粥，加入胡萝卜丝、芹菜末、西红柿块，稍煮，撒入姜末、葱花，加入盐调味即可。

功效

芹菜含有大量的粗纤维，吃芹菜的同时能擦去不少粘附在牙齿表面的细菌。西红柿和胡萝卜都含有丰富的维生素C，同样具有杀灭有害菌、保护牙齿的作用。

厨房妙招

也可以将芹菜、胡萝卜、西红柿凉拌食用，将所有材料余烫，芹菜切段，胡萝卜切片，西红柿去皮切丁，根据个人口味加调味料拌匀即可食用。

鸡蛋香菇韭菜汤

原材料

鸡蛋2个，香菇5朵，韭菜50克，高汤1碗。

调味料

盐、味精、植物油各适量。

做法

1. 鸡蛋磕入碗中，搅打成液；香菇用温水浸泡后，去蒂洗净，切成细丝，再用开水焯熟；韭菜择洗干净，切段，氽熟。

2. 锅置火上，放油烧热，放入鸡蛋用小火煎炸至熟，放入汤锅内。

3. 汤锅置火上，放入高汤、盐；待汤开后，加韭菜和香菇，以味精调味，起锅倒入汤碗内即可。

功效 香菇含有鲜香味的物质鸟苷酸和香菇精，气味芳香，有助于口气清新；所含的香菇多醣体可以抑制口中的细菌制造牙菌斑，同时还能美白牙齿。

厨房妙招 喜欢吃香菜的人可以在汤里放点香菜，比较提味。

香辣芹菜豆干丝

功效

粗纤维就像扫把，扫掉牙齿上的部分食物残渣，另外越是费劲咀嚼就越能刺激分泌唾液，平衡口腔内的酸碱值，达到自然的抗菌效果。

厨房妙招

这道菜也可以凉拌，即将所有材料余烫后加调味料拌匀食用。

原材料

芹菜300克，白豆干8块，红椒2个。

调味料

辣椒油、花椒粉、盐、味精各适量。

做法

1. 将白豆干切细丝，用水冲泡；芹菜去叶切段，放开水内略焯，过凉；红椒去籽，洗净切丝。

2. 温水加入盐和味精，把豆干泡入水中5分钟，捞起沥干。

3. 锅置火上，放辣椒油烧热，放入豆干、芹菜、红椒翻炒至熟，加盐、花椒粉、味精略炒即可。

奶油通心粉

 原材料

    通心粉200克，水发香菇、胡萝卜、油菜心各50克。

调味料

    盐、味精各少许，奶油3大匙，植物油适量。

做法

1. 香菇洗净，去蒂切片；胡萝卜洗净，去皮切片；油菜心洗净，切成两半。

2. 锅内放水，烧至水温热时，放入通心粉，大火烧沸后转中火，加少许盐，煮15分钟，至九成熟时，捞出沥干水分。

3. 锅置火上，放油烧热，放入通心粉、盐、味精翻炒2分钟，再放入奶油、香菇、胡萝卜、油菜心、通心粉，翻炒均匀，出锅装盘即可。

功效   奶油是钙的良好来源之一，钙摄取不足会动摇骨本，耗损牙齿健康。

厨房妙招   喜欢吃芥末的话，可以在炒通心粉时加入少许芥末酱。芥末有杀菌的功效，能有效防止蛀牙。

收缩毛孔

毛孔粗大特别影响容貌，看起来特别显老，即使想上妆掩盖一下，也会出现上妆不服帖的情况。

● 毛孔粗大的原因

1. 缺水。当肌肤的真皮层缺乏水分，表皮细胞就会开始萎缩，毛孔及皱纹等问题会显得分外明显，补充身体水分能从根本上解决毛孔粗大的问题，只有身体不缺水了才能彻底改善毛孔粗大、皮肤粗糙的问题，这个过程需要坚持一段时间。注意每天一定要少量多次地喝凉水或温开水，这样的水生物活性很高，能在体内充分发挥作用，尤其是早晚。胃寒者饮温开水，胃热者则饮凉开水。大量喝茶、喝粥、喝汤都会有很好的补水作用。

2. 角质层。皮肤的基层会不断制造新细胞输送至上层，细胞老化后便成为外层老化角质层，如果长期不彻底清洁皮肤，会影响皮肤的新陈代谢及老化角质层的脱落，毛孔便会扩张。

3. 肌肤老化。随着年龄的增长，皮肤的血液循环会减慢，皮下组织脂肪层也会变得松弛而缺乏弹性，如果没有适当的护理，皮肤便会加速老化，毛孔也会自然扩大。

4. 油脂过盛。T字位的皮脂分泌特别旺盛，当过盛的油脂堆积在毛囊表面时，就会令毛孔膨胀，使得毛孔粗大。长时间的生活压力、焦虑及睡眠不足都会导致油脂过度分泌，造成毛孔粗大。

● 吃什么可以收缩毛孔

1. 黑芝麻。黑芝麻有益肝、补肾、养血、润燥、乌发、美容等作用。《神农本草经》说，芝麻主治"伤中虚羸，补五内，益气力，长肌肉、填精益髓"。《本草纲目》称："服（黑芝麻）至百日，能除一切痼疾。一年身面光泽不饥，二年白发返黑，三年齿落更生。"

2. 绿茶。绿茶所含的单宁酸成分，具有收缩肌肤，使皮脂膜强度增高，有健美皮肤的功效。

3. 冬瓜、海带、西红柿、豆腐、薏米、山药等食材，搭配含蛋白质丰富的排骨、瘦肉煲汤，都有补水、收缩毛孔的功效。

● TIPS

角质一旦吸饱了水，就会像吸了水的海绵一样膨胀起来，毛孔周围的细胞吸满了水膨胀起来，毛孔自然就会变得不明显；反之，如果肌肤表面缺水，角质层就会出现干燥、粗糙的外观，毛孔变得更加明显。因此，外在护肤上也不要放松，一定要做足保湿功课。

花生芝麻糊

功效 花生和黑芝麻富含维生素E，可以紧致肌肤，收缩毛孔，是女性抗衰老的首选食品，而且芝麻还含有强力抗衰老物质芝麻酚，是预防女性衰老的重要滋补食品。

厨房妙招 最好不要将花生外面的红衣剥掉，因为红衣具有极好的补血功效。

原材料
花生200克，芝麻100克。

调味料
蜂蜜少许，植物油适量。

做法

1. 将花生仁用油炸熟，黑芝麻炒香。

2. 将花生仁和黑芝麻一同放入搅拌机，充分搅碎成粉末状，放入密封的玻璃罐中保存。

3. 食用时用干净的勺子盛到碗里，加入开水一冲即可。喜欢吃甜味的，可适量加点蜂蜜。

西红柿鱼丸瘦肉汤

🥄 **原材料**

鱼丸250克，西红柿2个，瘦肉100克，里脊骨100克，香菜少许。

🥄 **调味料**

姜1块，盐适量，味精少许。

🥄 **做法**

1. 将西红柿洗净，切瓣；里脊骨、瘦肉洗净，里脊骨斩块，瘦肉切块；香菜切末。

2. 将里脊骨、瘦肉入沸水锅中氽烫去血渍，再用水洗净后取出。

3. 将西红柿、鱼丸、里脊骨、瘦肉、姜一同放入锅中，加入适量清水，用小火煲2个小时后加入盐、味精，撒上香菜末即可食用。

功效 西红柿能防止黑色素沉积，搭配含蛋白质丰富的鱼肉、瘦肉煲汤，有补水、收缩毛孔的功效。

厨房妙招 如果没有鱼丸，可以直接用鱼肉代替，鱼肉可保护皮肤免受紫外线侵害。

蚕豆冬瓜豆腐汤

原材料

鲜蚕豆200克，冬瓜200克，豆腐200克。

调味料

盐、葱花、香油、植物油各适量。

做法

1. 鲜蚕豆洗净，冬瓜洗净去皮切块，豆腐切小块。

2. 锅置火上，放油烧热，放入冬瓜块翻炒，随后倒入蚕豆和豆腐块，倒入清水没过菜。

3. 水煮开后，再煮两分钟关火，最后加入盐和香油，撒上葱花即可。

功效

豆腐是公认的美容佳品，具有平衡血糖、消除毒性自由基、抗衰老的功效。蚕豆含有丰富的维生素E和矿物质，具有抵抗肌肤老化、滋润皮肤的功效。

厨房妙招

蚕豆一定要煮熟煮透方能食用。另外，由于带皮蚕豆膳食纤维含量高，不宜多吃，以免加重肠胃的负担。

木耳冬瓜汤

功效 木耳含铁丰富，常吃能养血驻颜，令人肌肤红润，容光焕发。

厨房妙招 如果家里有虾米，可以放入一点，再加点香菜，营养与美味都会加分。

🖐 **原材料**

冬瓜500克，木耳10克，生姜适量。

🖐 **调味料**

盐、蘑菇精、香油各适量。

🖐 **做法**

1. 将冬瓜去皮、瓤及籽，切片；木耳放水中泡好，撕成小朵；生姜洗净，拍松。

2. 锅中倒入适量水，放入冬瓜，煮3~5分钟，再放入木耳，加热约3分钟，然后加入生姜，最后用蘑菇精、盐调味。

3. 将汤盛入汤碗中，淋入香油即可。

山药冬瓜汤

🖐 **原材料**

山药50克，冬瓜150克。

🖐 **调味料**

盐少许。

🖐 **做法**

1. 将山药去皮洗净，切小块；冬瓜去皮洗净，切小块。

2. 将山药和冬瓜一同放入锅中，加入适量清水，大火烧沸后转小火煮约30分钟，最后加入少许盐调味即可。

功效 山药有滋阴作用，长期食用可以增强肌肤的弹性，防止皱纹增生；冬瓜清热利水，并有祛除脸部黄褐斑、雀斑的功效。

厨房妙招 把冬瓜切开以后，略等片刻，切面上会出现星星点点的黏液，这时用保鲜膜贴上，存放时间会更长一些。

淡化皱纹

皱纹是皮肤老化的最初征兆，是衰老的基本表现之一。虽然衰老是自然规律，无法避免，但如果有针对性地对身体进行合理的调理，避免一些使身体衰老的内在和外在的因素，就可以延缓机体的衰老。

会吃可以预防皱纹产生

脸上的皱纹说明体内的老化，只有内应外合才能真正预防皱纹。维生素E对延缓皮肤的衰老有重要作用，可缓解皮下脂减少所引起的面部小皱纹。我们可以多吃含维生素E丰富的食物，如大蒜、南瓜、毛豆、蚕豆、杏仁、芝麻油、蛋黄、核桃、葵花子、花生、莴笋叶、瘦肉、乳类、麦芽油、坚果、小麦、小米和芦笋等食物都含有丰富的维生素E，可改善和维护皮肤的弹性，减少皱纹，延缓皮肤衰老。

很多人图方便，直接服用维生素E丸，这也是一个方法，但是维生素制剂的补充，我们建议咨询医生，一般我们建议用食物来补充营养素。

正确按摩可以帮助淡化皱纹

眼部周围的小皱纹，可以用中指的指肚沿下眼睑内侧向外侧稍微用力进行滑动按摩，反复6次，上眼睑也用同样的方法。

嘴部周围出现小皱纹，可以用中指和无名指的指肚从下唇的中央向外侧嘴角的上方推滑按摩，反复6次，上唇也同样。

面部肌肤松弛时，不妨用食指、中指、无名指的指尖从两颊的下方向上推滑，反复6次。用拇指的指尖和食指的第二指节，沿两颊的下方向上推滑，反复6次。记得一定要从下向上按摩，因为由于地心引力的作用，面部肌肤松弛会朝下垂。

TIPS

蛋清和蜂蜜混合制成的面膜去皱效果不错，简单又安全，长期坚持，去皱效果明显。

黄豆炖小排

原材料

小排400克，黄豆60克，干黄花菜30克，葱白1段。

调味料

盐5克，鸡精少许。

做法

1. 将排骨洗净，剁成小块；黄豆拣干净杂质，用冷水泡半个小时左右；干黄花菜用温水泡发，洗净备用；葱白切段备用。

2. 将所有材料放入锅中，加入适量清水，先用大火烧开，再用小火炖1个小时左右。

3. 加入盐，再煮10分钟左右，加入鸡精调味，即可出锅。

 功效 软骨含有丰富的胶原蛋白，而且蛋白质含量非常高，黄豆也是高蛋白食物，两者同煮，对增加皮肤弹性、滋润皮肤十分有益。

 厨房妙招 黄豆还可炖猪蹄和鸡翅，猪蹄和鸡翅含有大量胶原蛋白，而且蛋白质含量也很高，润肤效果非常不错。

灵芝鹌鹑蛋汤

 原材料

鹌鹑蛋12个，灵芝60克，红枣12粒。

调味料

白糖适量。

做法

1. 将灵芝洗净，切成小块；红枣（去核）洗净；鹌鹑蛋煮熟，去壳。

2. 把全部用料放入锅内，加适量清水，大火煮沸后，小火煲至灵芝出味，加白糖适量，再煲沸即可。

功效 灵芝能提高人体免疫力，有健肤抗衰老的作用。灵芝与含蛋白质丰富的鹌鹑蛋和补血养颜的红枣同用，能抗衰老，减少脸上皱纹，滑润皮肤。

厨房妙招 鹌鹑蛋煮熟后捞出立马放到凉开水中，会很好去壳。

核桃猪腰粥

原材料

核桃仁10个，猪腰1个，大米50克。

调味料

葱末、姜末、辣椒末、盐各适量。

做法

1. 将猪腰去臭腺，洗净，切细；大米淘洗干净。

2. 将大米放入锅中，加入适量清水煮粥，待沸后加入猪腰、核桃仁及葱末、姜末、辣椒末、盐，煮至粥熟即可。

功效 猪腰可以补肾填虚。核桃含有丰富的维生素E，可改善和维护皮肤的弹性，减少皱纹，延缓皮肤衰老，使人容光焕发。

厨房妙招 去掉猪腰里面的白色的臭腺以后，再把猪腰切成小片或者小块，然后放在水里面浸泡冲洗，这样可以除去猪腰子大部分的腥味及杂质。

紫菜南瓜汤

原材料

紫菜10克，老南瓜100克，虾皮20克，鸡蛋1个。

调味料

料酒、酱油、醋、鸡精、香油、植物油各适量。

做法

1. 紫菜撕碎，洗净备用；老南瓜去皮，去瓤，洗净，切成2厘米见方的块；虾皮用料酒浸泡；鸡蛋打入碗内，用筷子搅打至起泡。

2. 锅置火上，放油浇热，加入适量清水，放入虾皮，加少许酱油，再放入南瓜块，煮30分钟。

3. 加入紫菜，继续煮10分钟，倒入搅好的鸡蛋液，加入醋、鸡精，淋上少许香油即可。

功效 南瓜含有大量的果胶成分，这种物质可以有效地清理体内残留的垃圾和毒素，并且可以快速排出体外，进而起到维护皮肤健康光洁的效果。

厨房妙招 冷冻南瓜可以储存10~12个月。准备使用时，可以把这些南瓜块直接入菜，或者可以先解冻再用。

杏仁花生粥

原材料

大米50克，杏仁30克，花生50克，枸杞少许。

调味料

白糖适量。

做法

1. 大米淘洗干净，用适量清水浸泡30分钟；花生洗净，用清水浸泡回软；杏仁用热水烫透。

2. 大米放入锅中，加入适量清水，大火煮沸，转小火，放入花生，煮约45分钟。

3. 放入杏仁和白糖，搅拌均匀，煮15分钟，加枸杞点缀即可。

功效 杏仁自古就是公认的美容佳品，具有平衡血糖、消除毒性自由基、抗衰老的功效。花生含有丰富的维生素E和矿物质，具有抵抗肌肤老化、滋润皮肤的功效。

厨房妙招 杏仁和花生都适合存放在冰箱里，冷藏可以显著延长保质期。不过在冷藏时一定要注意密实封装，以防因为受潮或结冰而引起霉变。

附 录

超轻松学会控制食物热量

为了减重，在吃饱的前提下，须注意自己吃下多少热量，但多数人无法像营养师那样——计算食物热量，这时最好的办法就是尽量少吃或不吃高热量以及空热量食物。什么是空热量（empty calories）食物？就是那些热量非常高而营养接近于零的食物，比如说可乐之类的饮料，除了高糖分，没有什么其他的营养。

一般情况下，新鲜、自然、不加油糖的食物多半属于低热量食物；精致、加工且加少量油糖的食物则为中热量食物；精致、加工且高油、高糖的食物就属于高热量食物了。

参考下表粗略估算食物热量

食物类别	低热量食物	中热量食物	高热量食物及空热量食物
五谷根茎类及其制品	白米饭、糙米饭、无糖白馒头、米粉、薏仁、燕麦片、红豆、绿豆、莲子	吐司、面条、小餐包、玉米、苏打饼干、高纤饼干、清蛋糕、芋头、番薯、马铃薯、小汤圆、山药、莲藕、早餐谷类	各式甜面包、油条、丹麦酥饼、小西点、鲜奶油蛋糕、派、爆玉米花、甜芋泥、炸地瓜、八宝饭、八宝粥、炒饭、炒面、水饺、烧麦、锅贴、油饭
奶类	脱脂奶或低脂奶、低糖酸奶	全脂奶、调味奶、酸奶	奶昔、炼乳、养乐多、奶酪
鱼类、肉类、蛋类	鱼肉（背部）、海蜇皮、海参、虾、乌贼、蛋白	瘦肉、去皮的家禽肉、鸡翅膀、猪肾、鱼丸、贡丸、全蛋	肥肉、三层肉、牛腩、肠子、鱼肚、肉酱罐头、油渍鱼罐头、香肠、火腿、肉松、鱼松、炸鸡、盐酥鸡、热狗
豆类	豆腐、无糖豆浆、黄豆干	甜豆花、咸豆花	油豆腐、炸豆包、炸臭豆腐
蔬菜类	各种新鲜蔬菜及菜干	腌渍蔬菜	炸蚕豆、炸豌豆、炸蔬菜
水果类	新鲜的水果	纯果汁	果汁饮料、水果罐头、蜜饯
油脂类	低热量沙拉酱	植物油	动物油、人造奶油、沙拉酱、花生酱、咸肉、黑芝麻酱、腰果、花生、核桃、瓜子
饮料类	白开水、无糖茶类、低热量可乐、咖啡（不加糖、奶精）	低糖茶类、咖啡	一般汽水、果汁、运动饮料、奶茶、含糖饮料
调味品	盐、酱油、醋、葱、姜、蒜头、胡椒、生辣椒、芥末、八角、五香粉	酱油膏	番茄酱、沙茶酱、香油、蜂蜜、果糖、蛋黄酱、油葱、辣油、豆瓣酱
甜食			糖果、巧克力、冰激凌、甜甜圈、酥皮点心、布丁、果酱、沙其玛
零食		海苔、米果	方便面、牛肉干、鱿鱼丝、薯片、各类油炸制品